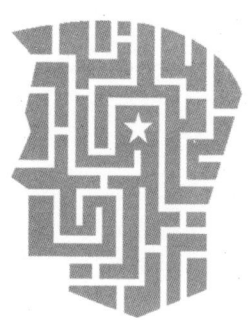

「沉思录」员工版
Meditations

马可·奥勒留 (Marcus Aurelius) 原著

宿春礼 邢群麟 编译

中央编译出版社
Central Compilation & Translation Press

序 言

　　《沉思录》是古罗马皇帝马可·奥勒留在千年之前所写的书，是我们温总理天天读的书，是他即使读了一百遍还想读的书。当我坐在电脑前写这篇序言的时候，正是温总理再次赶赴四川灾区的时候。在余震不断的四川灾区，真心希望总理一路平安，同时也希望能借这本书表达对总理深深的敬意。

　　《沉思录》是罗马皇帝马可·奥勒留在劳顿之中所著，在那个战乱不断，洪水、地震、瘟疫等灾难频繁的时期，马可·奥勒留以其坚定精神，夙兴夜寐地工作。他在位的大多数时间，特别是后十年，基本上是在帝国的边疆或行省的军营里度过，所以这本书也叫做《马上沉思录》。

　　《沉思录》不是一本为了出版而写的书，而是罗马皇帝马可·奥勒留写给自己的书，是一本在纷乱复杂中安顿自己灵魂的书。《沉思录》也不是一本时髦的书，而是一本心灵对话，那种从心灵深处流淌出来的声音，带着甜美、高贵和忧郁的气息，引人深思。他用谦逊和优美的笔调诉说着平实而又发人深省的话语。也许他的心太累了，也许他的心灵需要舒缓，在淡淡的哀伤之中，他说："属于身体的一切只是一道激流，属于灵魂的只是一个梦幻，生命是一场战争，一个过客的旅居，身后的名声也迅速落入忘川。"同时，他又以一个哲学家的理性道出如何好好活着的智慧。他崇尚美德、感恩、义务、公益、宁静、节制、自省，他过着纯净简朴的生活，尽力摈弃所有世俗的干扰，去关注自身纯粹的心智，思考对他而言什么才是真正最重要的东西，按照本性生活和做事。

他热爱工作，他说："那些热爱他们各自的技艺的人都在工作中忙得筋疲力尽，他们没有洗浴，没有食物；而你对你的本性的尊重却甚至还不如杂耍艺人尊重杂耍技艺、舞蹈家尊重舞蹈技艺、聚财者尊重他的金钱，或者虚荣者尊重他小小的光荣。这些人，当他们对一件事怀有一种强烈的爱好时，宁肯不吃不睡也要完善他们所关心的事情。"他珍惜时间，认为"我们必须抓紧时间，这不仅是因为我们在一天天地接近死亡，而且因为对事物的观照和理解力将先行消失"。

他认为唯一能从一个人那里夺走的只是现在。他要人们远离对未来所有事情的焦虑，每时每刻都要理性地思考，走正确的道路，正确地思考和行动。不环顾别人的道德道路，只是沿着正直的道路前进。他以深邃的目光告诫人们：我们是天生要合作的，犹如手足、唇齿和眼睑。相互反对就是违反本性，就是自寻烦恼和自我排斥。自己是自己最大的敌人，他以他独特的坚强告诉我们这样一个残酷的事实：生活的艺术更像角斗士的艺术，而不是舞蹈者的艺术，我们应当坚定地站立，准备着对付突如其来的进攻……

千年前静谧的沉思，使整本书充满了永久的光辉，而当我们被现代化的快节奏驱逐着忘记思考的时候，当我们不知道自己在忙什么的时候，当我们只是把工作当苦狱的时候，当我们迷失了自我的时候，当我们在整体环境的压力和浮躁中不得安宁的时候，当我们的身心受到不同程度损害的时候，我们需要一股清泉洗涤我们沾满尘埃的心灵，需要一片可以舒缓情绪的宁静天空，需要一片可供我们休养生息的心灵净土。而《沉思录》正是这样的一本书。鉴于"真理必须是简单的"理念，我们在忠于原著的基础上将《沉思录》与现代员工的实际结合起来，以简易的笔调、优美的语言、生动的哲理故事进行阐述，希望能打开你的心锁、开启你的智慧之门，帮助你在平时的工作生活中调适身心，领悟生命的美好与工作的真谛，在最和谐的状态下愉快地工作，聪明地工作，高效地工作，以直立的姿态达到生命的高度。

● 第一章　工作让你发现生命的本质，在工作中学会享受生活的艺术
　　⊙ 工作是你在宇宙中存在的职分 / 3
　　⊙ 工作是合乎本性的事 / 6
　　⊙ 那些热爱他们各自的技艺的人都在工作中忙得筋疲力尽 / 9
　　⊙ 每一义务都是由某些部分组成的，遵循它们就是你的义务 / 11
　　⊙ 不用借口推脱自己该尽的义务 / 14
　　⊙ 不要为外在而劳动，成为工作的主人 / 17
　　⊙ 不要不情愿地劳作 / 19

● 第二章　在互惠中共生，学习与人相处与团队合作的艺术
　　⊙ 有缺点的人也是我们的同伴，不要迁怒于他们 / 23
　　⊙ 很乐意且毫无嫉妒之心地给有才能的人开路 / 26
　　⊙ 从任何人的身上，都要学有所获 / 30
　　⊙ 以积极的目光看到他人的优点 / 33
　　⊙ 我们天生是要合作的，如同手足 / 37
　　⊙ 不要对犯错的人愤怒，而是平静地向他展示他的错误 / 40
　　⊙ 维护集体利益：那对蜂群不好的东西，对蜜蜂也不是好的 / 42
　　⊙ 不要将对他人的恩惠记在账上 / 45

- 第三章 价值至上：每个人都致力于最有价值的创造
  - 径直选择那更好的东西，并且坚持它 / 51
  - 做最小的事情也要参照一个目标 / 53
  - 工作时：精力充沛、宁静致远、不分心 / 56
  - 道德品格的完善在于，把每一天都作为最后一天度过 / 59
  - 不要像仿佛你能活一千年那样行动 / 62
  - 过一种幸福生活所需要的东西确实是很少的 / 65
  - 如果你在履行你的职责，就做好手头要做的事 / 68
  - 不要不加考虑地被事物的现象牵着鼻子走 / 71
  - 把生命浪费在思考别人上，你就丧失了做别的事情的机会 / 74

- 第四章 理性孕育德行，自律方能自由
  - 节制是理性动物拥有的德行 / 79
  - 意志自由才是真的自由 / 81
  - 理性的动物是互相依存的，忍受亦是正义的一部分 / 84
  - 在任何时候都要依赖理性 / 87
  - 控制情绪，才能不受干扰地尽责于自己的义务 / 90
  - 不环顾别人的道德堕落，只是沿着正直的道路前进 / 93
  - 远离奢侈的简朴生活方式 / 95
  - 我们必须抓紧时间 / 98

- 第五章 宁静是最佳的职业心境
  - 宁静不过是心灵的井然有序 / 103
  - 懂得感恩的人更容易看到和珍惜眼前的幸福 / 106
  - 剪除心灵深处那些让人烦恼不安的欲望 / 108
  - 满足而宁静地利用障碍来训练自己的德行 / 111
  - 在任何环境和疾病里欢愉如常 / 114

- 毫无炫耀地接受财富和繁荣，同时又随时准备放弃 / 117
- 浮生一梦，淡泊名利 / 119
- 退入自己的心灵更为宁静和更少苦恼 / 122
- 远离对未来所有事情的焦虑 / 125
- 保持宁静，考察自己应该做什么 / 128

● 第六章 在自省中超越：问题的根源、机遇的种子均在于自身
- 自省：关注别人对自己蔑视的原因 / 133
- 一个人不应当听从所有人的意见 / 136
- 美是归于自身的，不把赞扬作为它的一部分 / 138
- 靠自己，不把自己的幸福寄托在别人的灵魂之上 / 140
- 取消不必要的行为，丢弃不必要的思想 / 143
- 不陷入无聊的窝里斗 / 146

● 第七章 思考是无往不胜的利器
- 每时每刻都要坚定地思考 / 151
- 走正确的道路，正确地思考和行动 / 153
- 从一个整体看事物，注意事物之间的关联性 / 155
- 如果我错了，我将愉快地改变自己 / 158
- 别轻易说"不可能" / 160
- 仔细地倾听，尽可能地进入说话者的心灵 / 162
- 有理智的人把自己的幸福安置在自己的行动之中 / 165

● 第八章 在变化中学会柔性生存
- 如果受到阻碍，把你的努力转到被允许的事情上去 / 171
- 把握现在：唯一能从人那里夺走的只有现在 / 174
- 懂得化劣势为优势：从与它对立的东西中为自己获得手段 / 177
- 失败时再回去从头做起 / 179

- ⊙ 任何事情都有两面性：接受所有发生的事情／181
- ⊙ 生活中坚定地站立，准备应对突如其来的进攻／184
- ⊙ 适应你命中注定的环境／186

●后记

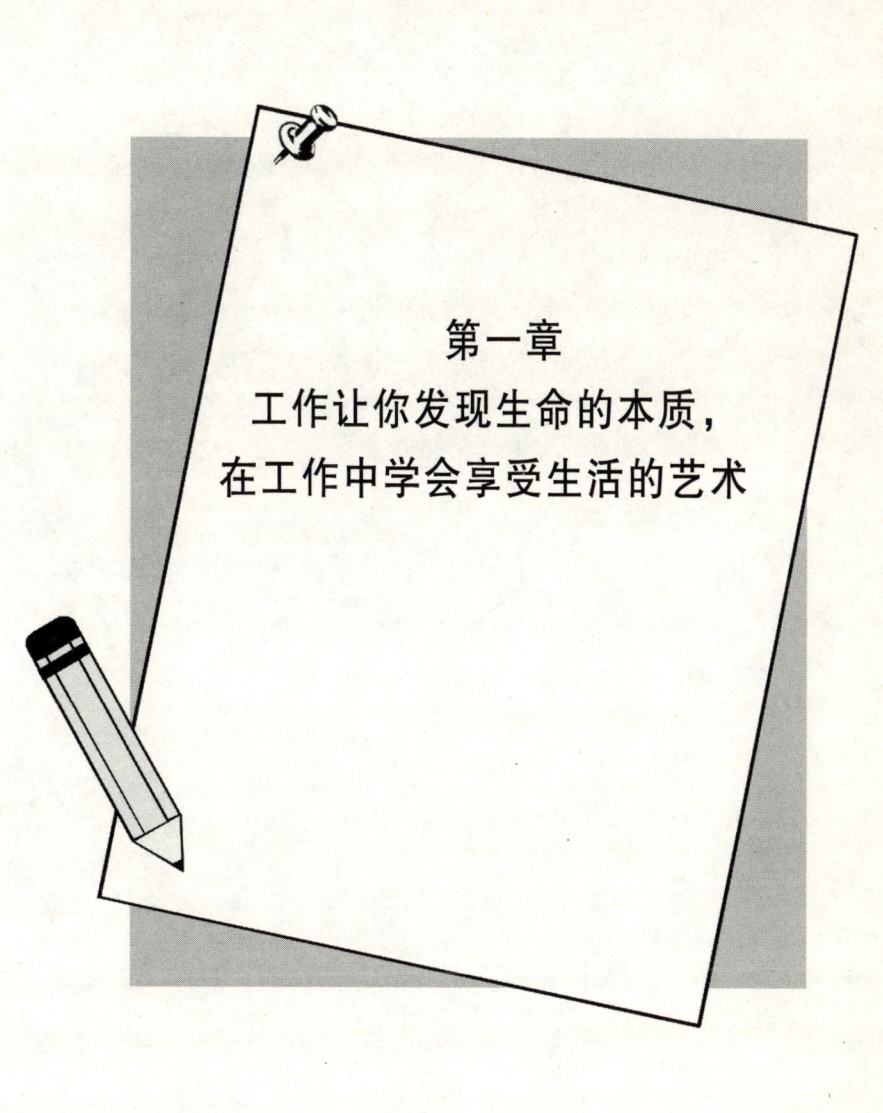

第一章
工作让你发现生命的本质,
在工作中学会享受生活的艺术

工作是你在宇宙中存在的职分

你的存在是为了获取享乐、好吃贪睡还是尽职尽责呢?你没有看到小小的植物、小鸟、蚂蚁、蜘蛛、蜜蜂都在工作,从而有条不紊地尽它们在宇宙中的职分吗?

工作的意义是什么?
我们为什么要工作?
我们在为谁工作?
这么辛苦的工作,究竟值不值得?
……

这些涉及人生哲学层面的追问和思索,不时会浮现在员工、管理人员和企业经营者的脑海里,它们也是所有职场人士都无法回避的问题。

那么究竟什么是工作,工作的意义又在哪里呢?

黎巴嫩诗人纪伯伦在《先知》一书中,对工作的真谛做了深刻的诠释,在唯美和感性的诗句间向我们揭晓了上述问题的答案。

当一位农夫请求上帝的先知给他讲一讲什么是劳作时,先知说道:

你们劳作,故能与大地的精神同步。

你们慵懒,就会变为季节的生客,落伍于生命的行列;那行列正带着庄严、豪迈和骄傲的顺从向永恒前进。

劳作时你们便是一管笛,时间的低语通过你的心化作音乐。

你们中谁愿做一根芦苇,当万物齐声合唱时,唯独自己沉寂无声?

总有人对你们说：工作是一种诅咒，劳动是一种不幸。

但我要对你们说：当你们工作时，你们便实现了大地最悠远的梦想，在梦想成形之初，这部分便已分派给你。

你们辛勤劳动，便是真正热爱生命。

在劳动中热爱生命，便是通晓了生命最深处的秘密。

然而，如果你们在痛苦中把降生称作折磨，把维持肉体生存当成写在额头的诅咒，那么我要回答：只有你们额头上的汗水，才能洗去那些字迹。

也有人对你们说生活是黑暗的，你们疲惫时重复疲惫者的话。

而我说生活的确是黑暗的，除非有了渴望；

所有渴望都是盲目的，除非有了知识；

一切知识都是徒然的，除非有了工作；

所有工作都是空虚的，除非有了爱。

当你们带着爱工作时，你们就与自己、与他人、与上帝合为一体。

……

劳动是一个人在宇宙中的职责，通过劳动，人们才能真正融入宇宙，无论蜜蜂、蚂蚁还是灌木丛，他们都是宇宙中的一个小小职员，我们生命的本质与工作结合在一起。正所谓"在其位，谋其政"，如果不能工作或者很好地履行工作的任务，经过一天两天，你也许感到轻松舒适，但是长此以往，必定陷入空虚，觉得活着失去了应有的意义。

诺贝尔经济学奖得主布坎南特别迷恋橄榄球，是一位铁杆球迷，他从不错过每年1月间的季后赛。原本一场60分钟的比赛，少不了犯规、换场、中场休息、伤停补时、教练叫停等，这样要耗费很多时间。花这么长的时间在电视机前看比赛，布坎南甚至产生了罪恶感。然而，球赛又不能不看，为了在心理上找到平衡，他决定给自己找点事干。他记得曾经从后院捡了两大桶核桃，于是就把这些核桃搬到客厅里，一边看电视，一边敲核桃，这样或许能心安理得一些。

为什么自己这么一会儿没工作心里就觉得不踏实？布坎南在不断地

敲核桃的过程中悟出一个道理：社会赞许工作，工作不仅对个人有好处，对其他人也有好处。如果一个人饱食终日，无所事事，那么除了他自己的得失之外，别人也享受不到他从事生产带来的"交易价值"。

劳动是人的本分，人生可以有很多不同的追求，但是，前提是分内之事必须做好，否则，就失去了存在的资格，堕落成宇宙内部的一个多余物，最终必将被社会所淘汰。

行动方案

爱因斯坦曾说过："每天我都要无数次地提醒自己，我的内心和外在的生活，都是建立在其他人的劳动基础上的。因此，我必须竭尽全力，像我曾经得到的和正在得到的那样，作出同样的贡献。"这种精神和做法值得人们学习。

另外，对工作心怀感激，"感激能带来更多值得感激的事情"，这是宇宙中的一条法则。也就是说，努力工作才能带来更多更好的工作机会和成功机会。

在高度分工的现代社会，在效率至上和业绩为王的时代，在日趋功利和浮躁的社会风气中，工作是一种爱，有爱就有责任，让我们的智慧和汗水在爱的奉献和责任的付出中闪光。

工作是合乎本性的事

早晨当你不情愿地起床时，让这一思想出现——我正起来去做一个人的工作。如果我是要去做我因此而存在，因此而被带入这一世界的工作，那么我有什么不满意呢？难道我是为了躲在温暖的被子里睡眠而生的吗？难道我不愿做一个人的工作，不赶快做那合乎我本性的事吗？

阿那哈斯是古希腊最知名的智者之一。有一次，一个人问他："尊敬的阿那哈斯，请问，什么样的船才是最安全的船？"阿那哈斯回答："是那些离开了大海的船。"

那人说："哦，我明白了，按这个道理来说，那些离开道路的车辆，离开战场的士兵，同样是最安全的。"

阿那哈斯告诉他："是的。但是，有多少人愿意得到这样的安全呢？丧失工作的权利、没有激情、无所事事，也无所用心，这对于一个人来说也许是最悲惨不过的事了。"工作是合乎本性的事情，不但工作需要我们，我们也需要工作，只有有工作信仰的人才是一个完整、高贵、气宇轩昂、直立行走的人。

在毕淑敏的《美容师的作品》中有这么一个故事：

一个著名商家为了举行一个从服装到化妆品的盛大促销会，别出心裁地想出了一个很吸引人的项目——造就绅士。他们从城市某个最肮脏的角落里找来了一个衣衫褴褛面容晦暗的流浪汉，并给他拍照存档。

之后，公司又请来了一名高级美容师。这位称职的美容师用芬芳的洗液给流浪汉沐浴理发，用名牌剃须刨给他刮胡子，给他做了彻底的面部毛孔清洁，做面部面膜保养，并给他敷上一层又一层特效的润肤品、面霜和眼霜……然后根据他的身高、体型和肤色，搭配了最适宜的衬衣、西装、领带，甚至还有一支很棒的手杖和一顶昂贵的帽子……

于是，众目睽睽之下，一个肮脏颓废的流浪汉变成了一位仪表堂堂的绅士。这种包装转变让消费者心动不已，公司的销售业绩立即飙升。

同时，参会的一位经理决定雇用这名容光焕发的绅士，让他第二天到公司报到。但是这个流浪汉一直没来。一个星期之后，这位经理在垃圾桶边找到了正在掏垃圾吃的流浪汉，他的全身都散发着恶浊的气味，一切的华美荡然无存。

但是好心的经理还是决定把他带走，并给他安排了工作，因为只有工作和信仰才能真正改变一个人。

两年之后，当人们看到这位流浪汉的时候，他已经是那家公司的副经理，并正在宽敞明亮的办公室里与经理优雅地商谈着公司的未来规划。

当我们每天忙得疲惫不堪的时候，我们常常希望以后再也不用工作，可以天天睡到自然醒。但是，正如蜜蜂天生就要采集花粉酿蜜，小鹿天生就要在森林里奔跑，雄鹰天生就要在天空翱翔，鱼儿天生就要在水里游翔那样，工作原本就是人存在于宇宙中的形式与职分。每个人都需要通过工作来实现自我价值。

当有一天我们真的永远不需要工作的时候，也可能就是我们陷入颓废的时候。就像长久的无所事事会使我们游手好闲、空虚无聊，就像动物园里饱食终日的动物迟早会委靡不振一样。工作，是我们高贵气息的体现，是我们不断进化的根本。

行 动 方 案

造物主是最伟大的，当它赋予每个人工作权利的同时，也为每个人都留了一个根，这个根就是存在于工作背后的一种无形的精神力量。人类就是靠着这股生生不息的力量从蒙昧野蛮一步步走向文明的。我们也是靠着这股力量不断地在工作中超越自我。这股力量来自于我们本性的需求。我们需要物质供给生存下去，让自己和家人过更好更优质的生活，这需要我们通过工作来实现。与此同时，我们作为有思想的人，追求精神上的充实与超越自我的快感必须通过在工作中挑战各种困难来实现。

那些热爱他们各自的技艺的人都在工作中
忙得筋疲力尽

> 那些热爱他们各自的技艺的人都在工作中忙得筋疲力尽,他们没有洗浴,没有食物;而你对你的本性的尊重甚至还不如杂耍艺人尊重杂耍技艺、舞蹈家尊重舞蹈技艺、聚财者尊重他的金钱,或者虚荣者尊重他小小的光荣。这些人,当他们对一件事怀有一种强烈的爱好时,宁肯不吃不睡也要完善他们所关心的事情。

爱迪生说:"在我的一生中,从未感觉是在工作,一切都是对我的安慰……"热爱是最大的欣慰,那些热爱他们技艺的人总是在工作中忙得筋疲力尽,而他们自己也没有把这种忙碌当做是苦役,而是一种追逐快乐的过程。

比尔·盖茨考入哈佛大学之后,由于对计算机的热爱,他选择了退学,进入计算机行业。这种热爱和全身心的投入使他一跃成了世界巨富。即使钱财无数,比尔·盖茨最感兴趣的是他的事业,他每周的工作时间都在60~80个小时之间。据一位朋友说,他通常36个小时不睡觉,然后倒头睡上十来个小时。以至于微软公司里的一名资深女职员在私底下抱怨说:"当你看到盖茨时,总忍不住感到疑惑,昨晚他睡在哪里?办公室?"你总想走上前去问他:"嗨,盖茨,我不知你是否每天淋浴?如果是,为啥不顺便洗洗头?"正是在比尔·盖茨的强烈感召下,忙碌工作成了微软的作风。一名程序员说："你身处这样一个环境，周围的人都是这样刻苦，连掌管这个公司的人也是如此，那么你也不得不如此。"在最繁忙的阶段，甚至有人把睡袋放进工作室，整整一个月足不出户。当然这种忙碌也是有回报的，在微软公司，已有200多名员工成了百万富翁。

热爱是生命的光芒，为了这个光芒而忙碌的人即使是退休了，也不会停止工作。

1943年，由于美国威斯康星大学规定老教授年满70岁便要强制退休。但是，退休丝毫不能减退该校的植物学教授德格博士对工作的热爱与执著。退休后，他又受聘于雷德里化验所的制药厂，作为顾问并担任独立工作。经过无数个昼夜的单调忙碌之后，他研究出金霉素和四环素，挽救了无数的生命。

人生苦短，当你热爱你的事业的时候，一切的人生哀愁都显得那么微不足道。如果短暂的生命只是黑夜里划过天际的一颗流星，那就燃烧你所有的热情，让它更加明亮璀璨、动人心魄吧！

行动方案

美国得克萨斯州有一句古老的谚语这么说道："湿火柴点不着火。"当自己觉得工作乏味、无趣时，有时不是因为工作本身出了问题，而是因为我们的燃点不够。没有选择或现状无法改变时，至少还有一点是可以选择改变的：去积极投入地享受还是被动无奈地接受折磨，这取决于自己的心态。培养对工作的热爱，把工作当成期待点燃的煤山，你就能释放出巨大的能量。给自己不断树立新的目标，挖掘新鲜感；把曾经的梦想捡起来，找机会实现它；审视自己的工作，看看有哪些事情一直拖着没有处理，然后把它做完……在你解决了一个又一个问题后，自然就产生了一些小小的成就感，这种新鲜的感觉就是让热爱每天都陪伴自己的最佳良药。

每一义务都是由某些部分组成的，
遵循它们就是你的义务

如果有人向你提出这个问题，"安东尼"这个名字怎样写呢？你将不耐烦地说出每一字母吗？如果他们变得愤怒，你也对他们愤怒吗？你能镇定地继续一个个说出每一个字母吗？那么，你在生活中也是这样，也要记住每一项义务都是由某些部分组成的。遵循它们就是你的义务，不要烦恼和生气地对待那些让你生气的人，继续走你的路，完成摆在你前面的工作。

在现实生活中，有些人觉得自己能力不够强，能成就一番事业的机会和概率微乎其微；有些人抱怨自己的工作得不到他人的重视，或者觉得自己的工作很琐碎，很微不足道，无法给自己带来金钱，更无法实现自己所谓的人生价值。

他们不明白合理分工、角色分明是社会的内在需要。他们总是在不自觉地背离和破坏这种规则，或者因此而鄙视自己的工作。殊不知，没有卑微的工作，只有不懂敬业的人。

在宗教改革领袖路德及其后来路德教派对德国人的职业精神的影响中，有三个层面非常重要：

一是将工作视为神圣之事，并以虔诚的态度去从事工作；

二是尊重自然形成的分工与合作，不过分注重职业的形式；

三是安心于本职工作，有良好的职业精神。

正是凭借工作态度最好的工人，最好的分工与合作精神，以及最优秀的职业精神，德国产品后来居上，成为全世界精良产品的代名词。

抱怨现实的人们，往往不能做到这一点，他们常常自诩具备合作精神，但是却不能承担自己的工作，他们认为只有独自完成伟大的事业才是值得尊重的，对于那些由整体分工形成的被世俗标准看低的工作任务不能虔诚对待。这当然不是一种值得欣赏的职业精神。

其实，任何一项伟大的工作，都被划分为无数个部分，尤其是在现代这个分工精细化的时代。微软公司在向世界正式推出 Windows98 产品时，进行了一场声势浩大的市场推广活动，在这个大团体之中，每一位员工都有明确的分工，例如，销售主管负责销售业务的拓展，商务主管负责与分公司协调，客户主管负责完成客户服务方面的工作等。这次活动也整合了营销沟通中的各个层面，包括公共关系、事件行销、广告和零售刺激。所有这些沟通活动体现了微软营销部门和所有参与这次活动的其他公司的统一团队精神。这场令人赞叹不已的营销活动在全球持续进行，前后历时 24 个小时，活动费用超过 2 亿美元。

分工之后，每一项小而具体的工作的意义都与整个工作的意义等同。同理，在宇宙间，每一种生灵都各司其职，每一个种群中的各个具体生物也都有自己的工作，宇宙的义务就这样被具体为不同的部分和方面，遵循这些部分，是每个人的义务。

只要心不卑微，任何工作都是重要的，只是内容不同而已。一旦用心去做了，就一定能够从中寻找到快乐和价值感！

世界著名的希尔顿饭店有位清洁员，他在这家饭店工作了将近 20 年，一直在洗手间做保洁工作。洗手间总是被他打扫得干干净净，他甚至自己掏钱在洗手间放上一瓶高级香水，每次客人进来都能闻到一股芳香的味道。客人们对他的服务交口称赞，有的甚至冲着他的良好服务而专门住进这家饭店。他的朋友都替他惋惜，劝他换份工作，他却骄傲地说："我为什么要换工作呢？我的工作就是最好的，看到客人们对我的工作的认可,这就是我最大的幸福了,我又何必换工作呢?"

这位清洁员只是做着一份平凡的工作,却因为良好的工作态度而使自己脱颖而出,得到老板与顾客的好评。

古罗马斯多葛派哲学家们曾经说过:没有卑微的工作,只有卑微的工作态度。如果一个人轻视他自己的工作,那么他就会将自己的工作做得一团糟。如果一个人认为他的工作辛苦、烦闷,那么他不会做好工作,在这一工作岗位上也无法发挥他内在的特长。其实任何一种工作都有它存在的价值,工作没有高低贵贱之分,最重要的是我们能否保持负责的态度。

行 动 方 案

明白分工存在的必然性,然后接受由分工造成的繁琐与劳累。要知道,世界上的每一个人都有根据自己的身份要对社会尽的义务,遵循任务的每个部分和完成任务本身一样令人敬佩。

无论多么卑微的工作,只要有价值,就值得你去付出,值得你付出整个身心去对待。而怀着虔敬之心对待工作的人,也必将得到世界的认同。

不用借口推脱自己该尽的义务

从柏拉图派学者亚历山大,我懂得了不必经常但也不是无须对人说话或写信,懂得了我没有闲暇;懂得了我们并不是总能以紧迫事务的借口来推卸对与自己一起生活的那些人的义务。

我履行我的义务,其他的事物不会使我苦恼,因为它们或者是没有生命的物体,或者是没有理性的事物,或者是误入歧途或不明道路的存在。

1861年,林肯就任总统之后发现美国对战争的准备严重不足。联邦只有一支装备简陋、训练欠缺的16000人的队伍。而它的指挥官——斯科特,已是一位75岁高龄的老将军。林肯非常清楚,为了防止整个国家分裂,他需要一个不找借口且具执行力的人。林肯决定试一试众人眼里极富军事才能的乔治·麦克莱伦。

麦克莱伦有极高的声望和出色的组织能力,但是他同样有一个致命弱点,这掩盖了他军事生涯的所有优秀表现,那就是:他总是瞻前顾后,习惯于过多地思考问题,然后寻找理所当然的借口而不肯采取行动。

将近3个月过去了,麦克莱伦没有采取任何行动,林肯只能一次次督促他行动。

1862年4月9日,林肯再次给麦克莱伦写信督促他采取行动。"我

不用借口推脱自己该尽的义务 015

再次告诉你，你不管怎样也得进攻一次吧！"在信的结尾林肯甚至恳切地写道："我希望你明白，我从来没有这样友好地给你写过信，我实际比以往任何时候都更支持你，但无论如何能不能不找任何借口，打上一仗？"

在林肯发出此信之后的一个月，麦克莱伦的军队继续延误战事，林肯只得在国务卿斯坦顿和蔡斯的陪同下亲临前线督战。而麦克莱伦竟然借口脱不开身不肯与林肯会合。虽然这时林肯仍不愿撤换麦克莱伦将军，但他知道要想有所改变，要想国家早些得到一个和平发展的环境，就必须当机立断撤换将军。1862年7月11日，林肯委任亨利·哈勒克将军为联邦司令，这时距麦克莱伦被任命为联邦总司令的时间还不到1年。

权利、荣誉与义务往往紧紧连在一起的，推脱义务的同时也会把其他宝贵的东西给推脱掉了。没有无权利的义务，也没有无义务的权利，履行义务是获得权利最根本的资格，借口永远不是推脱义务的理由，只有履行好工作中的义务才有资格获得该得的报酬，才能无愧于心地面对自己人生与事业。

行动方案

首先，我们应该对自己说：没有任何借口！在压力很大的情况下当借口开始在脑中形成的时候，"没有任何借口"这句话是最有力的盾牌，它就像韩信背水一战那样没有后路可退，把一切恐惧、怯懦、懒惰等阻挡成功的大敌统统挡在后面，让你发挥你最大的潜力完成任务。

其次，用找借口的时间来找方法。只要思想不滑坡，方法总比困难多。有些事情看似复杂或者很难，但只要能够善动脑筋，转变一下思路，就会轻松地解决。善于思考，善于变通，所有的困难与借口自然消失在你的眼前。

再次，抛开借口，立即行动。寻找借口的直接后果就是拖延和犹豫，而这不但会让你丧失主动的进取心，更重要的是浪费了时间，丢弃了成功,失去了未来。解决的唯一方法就是行动。一旦作出决定,马上付诸行动,让惰性无法乘虚而入。

最后,成为勇担义务的人,不用借口来推脱自己的义务,养成不找借口找机会找方法的习惯。

不要为外在而劳动,成为工作的主人

> 不要像一个被强迫者那样劳动,也不要像一个将受到怜悯或赞扬的人那样劳动,而要使你的意志直指一件事情,即像社会理性所要求的那样劳动。

人的生命,至少有一半是交给工作的,如果我们为了外在的某样东西而工作而丝毫没有一种内动力,工作就会变成无休无止的苦役,这是一件非常可怕的事情。正如加缪描写的古希腊神话中的西西弗的境遇:他不停地把一块巨石推上山顶,而石头由于自身的重量又滚下山去,再也没有比进行这种无效无望的劳动更严厉的惩罚了。

不过,更多的时候,工作的动力和价值感不在于工作本身有趣与否,而在于我们有没有全心投入到工作中去,让自己成为工作的主人。

"成为主人,而非客人或仆人",这就是在工作中找到乐趣,并由衷地将其做好的秘诀。

迈克尔·阿伯拉肖夫是美国导弹驱逐舰"本福尔德号"的舰长。1997年6月,当迈克尔·阿伯拉肖夫接管"本福尔德号"的时候,船上的水兵士气消沉,很多人都讨厌待在这艘船上,甚至想赶紧退役。

但是,两年之后,这种情况彻底发生了改变。全体官兵上下一心,整个团队士气高昂。"本福尔德号"变成了美国海军的一艘王牌驱逐舰。

迈克尔·阿伯拉肖夫用什么魔法使得"本福尔德号"发生了这样翻天覆地的变化呢?概括起来就是一句话:"这是你的船!"

迈克尔·阿伯拉肖夫对士兵说:"这是你的船,所以你要对它负责,你要与这艘船共命运,你要与这艘船上的所有人共命运。所有属于你的事,你都要自己来决定,你必须对自己的行为负责。因为你是这艘船的主人,而不是乘客。"

从那以后,"这是你的船"就成了"本福尔德号"的口号。所有的水兵都觉得管理好"本福尔德号"就是自己的职责所在。

我们应该明白这样一个道理:工作是自己的事,我们不仅能从工作中得到乐趣,而且能从工作中获得成就感。

我们每个人都要具有与公司共命运的职业感,如果我们每一个员工都把公司当成是自己的,都以合伙人的心态来工作,积极主动,自觉自愿,不但我们的公司会得到更大的发展,同时我们自身的能力也会得到提升,这是我们成功的关键。

行动方案

把公司当做自己的,需要做到的有:

1. 全心全意地投入你的工作岗位

自己的工作士气要自己去保持,不要指望公司或是任何人会在后头为你加油打气,为你自己的能源宝库注入充沛的活力,全心全力投入工作。

2. 把自己视为合伙人

一位世界500强企业的高级管理者曾经说过:"为我工作的人都得具备成为合伙人的能力,要是没有这样的潜力,我宁可不要。"

3. 迎接变革的需求

企业需要的是高性能的员工,我们必须持续不断地自我成长,否则根本不可能在自己的专业领域上保持地位。你只有两种选择:第一是终身学习并保持不败的地位;第二则是成为老古董,并且被时代的洪流给抛在后头。

不要不情愿地劳作

> 不要不情愿地劳作，不要不尊重公共利益，不要不加以适当的考虑，不要分心，不要虚有学问的外表而丧失自己的思想，也不要成为喋喋不休或忙忙碌碌的人。而且，让你心中的神成为一个保护者，一个有生命的存在的保护者，一个介入政治的成熟的男子的保护者，一个罗马人，一个统治者的保护者。这个统治者像一个等待从生活中召唤他的信号的人一样接受了自己的职位，无须誓约也无需别人的证言。

国外有所知名大学做过这样一个有趣的实验：他们对1960年到1980年毕业的1500位商学院学生进行调查。这些毕业生被分成两组，第一组是一群想先赚到钱，然后才去做真正想做的事的人。第二组则是一群先追求他们真正感兴趣的事，认为以后财源自然会涌现的人。

调查结果显示，想先赚到钱的第一组占83%，有1245人。甘冒风险追求个人兴趣的第二组占17%，有255人。20年后，两组共产生了101名百万富翁，其中只有1人属于第一组，有100人属于第二组！

报告的撰写人布洛尼克在结论中说："绝大多数人致富都是因为心底深埋激情且不断行动的结果……他们所谓的'幸运'来自他们对自己所喜爱的领域的无限的激情。"

面临着巨大的就业压力，很多毕业生都会很现实地选择那些高薪、稳定的工作，这原本无可厚非。但是不情愿的劳作，对自己而言是一种莫大的痛苦。这样违背本性的工作，其实是在磨灭自己的本性。找工作就好比是结婚，如果选择的是喜欢的人，那么即使以后再苦再难也会觉得可以忍受，也会有幸福的感觉。

在美国西雅图有个很特殊的鱼市，在那里买鱼是一种享受。那里的鱼贩们充满了欢声笑语，他们面带笑容，像合作无间的棒球队员，让冰冻的鱼像棒球一样，在空中飞来飞去。

有人问鱼贩们为什么那么快乐，鱼贩告诉他：前几年这个鱼市是个最没有生气的地方，因为大家整天都在抱怨。直到后来，大家认识到与其每天抱怨沉重的工作，不如改变工作的品质。于是，他们开始试着把卖鱼当成一种艺术。从此以后，一个创意接着一个创意，一串笑声接着一串笑声，他们的鱼市成了附近生意最好最热闹的地方。这种工作氛围甚至吸引了附近的上班族，他们常到这儿来和鱼贩用餐，感染他们乐于工作的好心情。

实际上，并不是生活亏待了我们，而是我们亏待了自己，我们要么逼自己去做不喜欢的工作，要么就是不停地抱怨，把工作当做苦役，要么就是非要别人催促着才极不情愿地开始劳作。这种被动的工作怎会感受到工作的乐趣呢？幸福的生活需要我们自己去争取，成功的事业需要我们主动地去拼搏。工作，要来自于真心的喜欢，如果拿出大长今"做食物的时候，要想到让吃的人脸上浮现出微笑"那种精神来做事业，就没有我们达不到的高度。

行动方案

1. 顺从于本性，不违背内心的梦想，选择喜欢的工作。
2. 自愿工作，主动工作，不成天抱怨，学会在工作中寻找乐趣。
3. 有自己的事业目标，顺着这个目标一步一步往高处攀爬。
4. 思路决定出路，当在工作中遇到瓶颈的时候要多开动脑筋想办法，要学会有效率地工作。

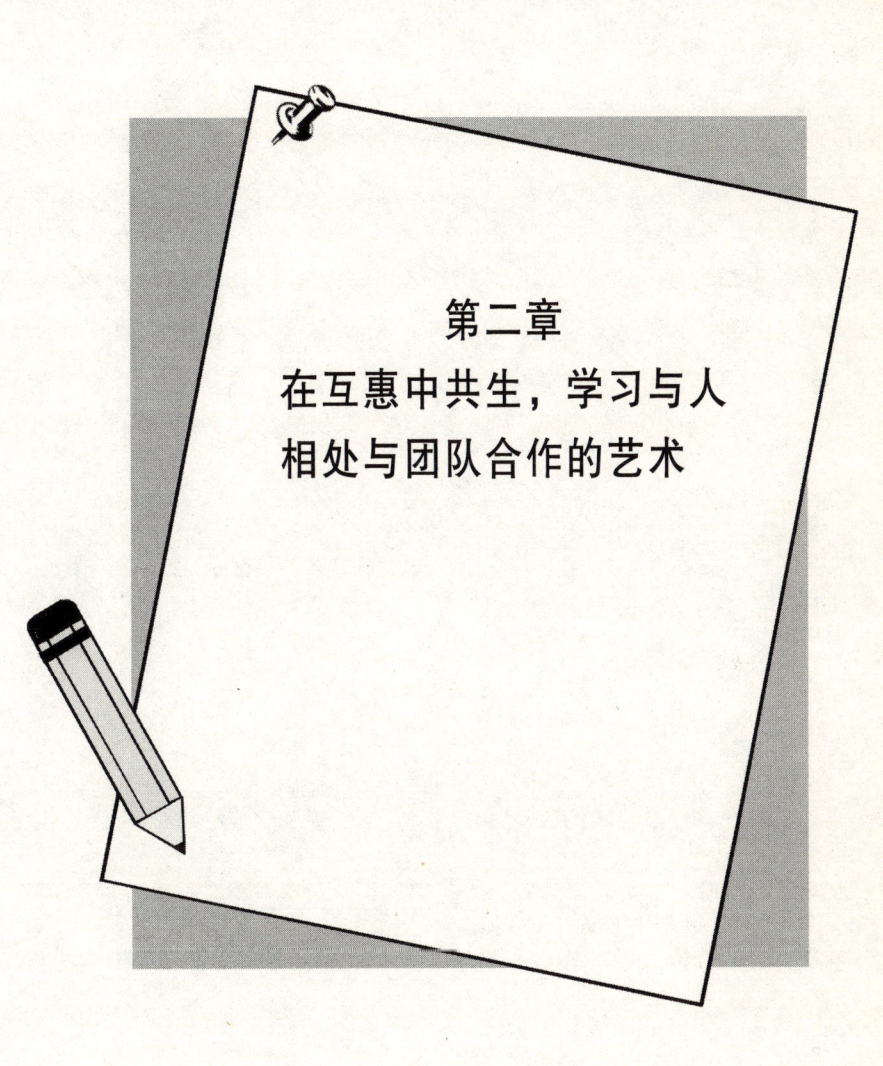

第二章
在互惠中共生,学习与人相处与团队合作的艺术

有缺点的人也是我们的同伴，不要迁怒于他们

> 一日之始就对自己说：我将遇见好管闲事的人、忘恩负义的人、傲慢的人、欺诈的人、嫉妒的人和孤僻的人。他们染有这些品性是因为他们不知道什么是善，什么是恶。

无论人们是否喜欢，办公室里总是会出现有缺点的人，因为缺点是与所有人的人生伴随始终的，包括我们自己也不完美，所以，遇到有缺点的人是一种必然。

在这一不可改变的前提下，问题的关键就在于我们如何看待和处理这一问题。其实，思考我们与他们在整个宇宙之间的关系，问题就会迎刃而解。宇宙如此之大，共同生活在其中的我们如同一母同胞，对于关系如此亲近的人，谁能忍心去责怪和迁怒，何不以一颗博大宽容的爱心去接纳他们，容忍他们，帮助他们呢？

宽容是智者的境界。越是睿智的人，越是胸怀宽广，宽容大度。因为他洞明世事、练达人情，看得深、想得开、放得下，也因为他非常聪明地发现："处世让一步为高，退步即进步的根本；待人宽一分是福，利人是利己的根基。"

假如工作中我们受到了不公正的待遇或自己身边的人做错了什么，千万不要生气愤怒，而应学会宽容。生气愤怒是人类最坏的毛病之一，它是在用别人的过错惩罚自己，是一种徒劳的、于己于人无益的行为。

《沉思录》中关于宽容的思想为我们塑造职业伦理，形成和谐、互助、仁爱、高效的职场人际关系提供了很好的启发。

黄先生因为工作业绩突出，被总公司派到下属一家汽车公司任总经理。当时这家公司派系斗争严重，几个较大的派系间明争暗斗，公司业绩直线下滑。黄经理刚刚到任，就被下属们"划归"了某一派系，而对立派经常在工作上给黄经理设置障碍，以此削弱黄经理的威信。

对立派中的首要人物是生产部的陈主管，这个人工作十分卖力，属于吃苦耐劳、对公司忠心耿耿的那类人。但他有一个缺点，就是喜欢拉帮结派，对自己不喜欢的人，就下狠心整，有种置人于死地而后快的邪恶心态。所以公司上下的人都很怕他，平时人人都不敢得罪他。

有一次陈主管犯了一个大错误。当时，公司的几位副经理都倾向将其开除，陈主管也认识到了问题的严重性，也做了被开除的准备。

开会时，大家像是事先有了约定似的，一致认为陈主管不可留，留下来是公司的损失。他们列举了许多不可饶恕的"罪状"，见大家都这么说，陈主管也不好做过多的辩护。大家的目光都集中在黄经理身上，只听黄经理说："我认为看一个人，不能老将目光盯在人家的缺点，更多的要看看人家的优点。人，总是会犯错的，在座的这么多人，谁能告诉我，你没有犯过错误？我们要公正地对待，只要功大于过，就是一个好人才。我承认陈主管身上有许多缺点，但是大家也应该看到，他身上蕴藏着许多优点。对于他的优点，大家为何视而不见？陈主管的工作可以说是很出色的，他干工作的那股劲头，恐怕是在座的各位所不具备的。他的这种对待工作的认真负责的精神，在一个团队中，能起到很好的示范作用。仅此一点，我们就没有必要炒掉他，这样的职员是不好找的。他并不是主观上犯错误的，而是无意犯下的。有人说，他的这种过错非同小可，给公司带来了不小的损失。是的，他这次是给公司造成了一定损失。但我相信，给他一次机会，他会在以后的工作中加倍努力，把这次的损失补回来。"

陈主管做梦也没有想到黄经理会替他说好话，感动得热泪盈眶。由于黄经理的坚持，陈主管被公司留了下来。

黄经理在关键时刻拉了陈主管一把，不仅获得了良好的声誉，还赢得了陈主管的忠心，在以后的工作中陈主管积极配合黄经理，成了黄经理的得力干将。

人人都应该有慈悲的胸怀，一个人如果做到心怀善念，懂得用情，那么就可以随时准备宽恕他人，做到"福虽未至，祸已远之"。一个企业如果人人都能心怀善念，互助互爱，宽容的氛围自然就会形成了。员工与员工之间除了合作关系之外又多了同事之情。

行动方案

做一个胸襟开阔的人吧，即使厌恶他人时也要竭力与其友好相处，发现对方的长处，由此来包容对方。

用真诚来感化那些心存敌意的人，不要烦躁，不要愤怒，把身边的同事都当成自己的兄弟姐妹，对于斥责他人这件事感到一种由衷的不忍。必要的时候，成为他们的诤友，帮助他们改正缺点，进行自我提升。

很乐意且毫无嫉妒之心地给有才能的人开路

> 他（我的父亲）很乐意并毫无嫉妒心地给拥有任何特殊才能的人开路，像那些具有雄辩才能或拥有法律、道德等知识的人，他给他们以帮助，使每个人都能依其长处而享有名声。

由于天分和境遇的不同，人难免分出个三六九等，或飞黄腾达，意气风发，或穷困潦倒，默默无闻。但总有一些人虽技不如人，对别人的成绩却嗤之以鼻，"妒人之能，幸人之失"，从而上演了一场场丑陋的嫉妒闹剧。在现实生活中，这种闹剧依然"长盛不衰"，为了别人评上比自己高的职称而指桑骂槐，为了某人得到领导的厚爱而愤愤不平，为了别人的生活条件比自己好而郁郁寡欢，给本已不大平静的生活平添了许多烦恼和纷扰。

嫉妒是腐蚀人心灵的一剂毒药。有嫉妒之心者，往往自高自大，看不起别人，置别人的成绩于不顾，贬他人的才干如草芥。而当别人取得一些成绩时，他的心理便会失去平衡，总会千方百计地对那些优于自己者制造出种种麻烦和障碍：或打小报告，无中生有，唯恐天下不乱；或做扩音器，把一件小小的事情闹得满城风雨。

而真正能够成大事的人，做法正与此相反。

拿破仑一生中指挥过众多大战役，并屡屡得胜，一个重要原因就是知人善任。拿破仑懂得"尺有所短，寸有所长"，因此，他选拔将才从不要求十全十美。按这一原则，他果断地选择了贝赫尔做他的参谋长。他说："贝赫尔缺乏果断，完全不适于指挥任务，却具有参谋长的一切素质。他善于看地图，了解一切搜索方法，他对于最复杂的部队调动是内行。"这样的人，对一切都喜欢自己做决定的拿破仑来说，无疑是一位最理想的参谋长。

钢铁大王安德鲁·卡内基曾经亲自预先写好他自己的墓志铭："长眠于此地的人懂得在他的事业过程中起用比他自己更优秀的人。"

1831 年，波兰作曲家肖邦在华沙起义失败后，只身流亡至法国巴黎定居。年轻的肖邦虽然才华出众，却无施展之地，为求生计，只得以教书为生，处境甚为落魄。一个偶然的机会，肖邦结识了鼎鼎大名的匈牙利钢琴家李斯特。两人一见如故，大有相见恨晚之感。当时的李斯特在巴黎上流文艺沙龙中已是闻名遐迩的骄子，对虽然默默无闻但才华横溢的肖邦大为赞赏。李斯特想：绝不能让肖邦这个人才埋没，必须帮他赢得观众。

一天，巴黎街头广告登出了钢琴大师李斯特举行个人演奏会的消息，一时间，门口人头攒动，门票一售而空。

演奏会开始了，紫红色的帷幕徐徐拉开，灯光下，风度翩翩的李斯特身着燕尾服朝观众致意。台下掌声雷动，李斯特朝观众行礼后，便转身坐在钢琴前，摆好演奏姿势。灯熄了，剧场内一片寂静，人们屏息静气地闭上眼睛，准备享受美好的音乐声。琴声响了，咚咚的琴声时而如高山流水，时而如夜莺啼鸣，时而如诉如泣，时而如歌如舞。琴声激昂时，剧场内便响起掌声；琴声悲切时，剧场内又响起抽泣声。观众完全被那美妙的音乐征服了。

演奏结束，人们跳起来，兴奋地高喊："李斯特！李斯特！"可灯一亮，大家傻了。观众看到舞台上坐的根本不是李斯特，而是一位眼中闪着泪花的陌生年轻人。他就是肖邦。

人们大为惊愕！原来，那时有个规矩，演奏钢琴要把剧场的灯熄灭，一片黑暗，以便观众能够聚精会神地听演奏。李斯特便利用这个机会,灯一熄,就让肖邦过来代替自己演奏。

当观众明白刚才的演奏竟出自面前这位年轻人之手后,立即变惊愕为惊喜。

剧场内,掌声四起。鲜花一束束地朝台上"飞去"。

李斯特采用"偷梁换柱"的方式推荐肖邦,冒着相当大的风险,从这一令人感动的行为中我们体会到了伟大人物的广阔胸襟。

事实上,任何人如果想成为一个企业的领袖,或者在某项事业上获得巨大的成功,首要的条件是要有一种鉴别人才的眼光,能够识别出他人的优点,并在自己的道路上利用他们的这些优点,为有才能的人开路,而彻底摒弃嫉妒之心。

行动方案

化解嫉妒心理的良方是:

1. 自我认知,客观评价自己和他人

要正确地认识自我,评价别人。"金无足赤,人无完人",一个人限于主客观条件,不可能万事皆通,样样比别人好,时时走在别人前面。要接纳自己,认识自己的优点与长处,也要正确地评价、理解和欣赏别人。当因为嫉妒而烦恼、不安时,不妨冷静地分析一下嫉妒的不良作用,同时正确地评价自己,从而找出一定的差距,做到"自知之明"。只有正确地认识了自己,才能正确地认识别人,嫉妒的锋芒就会在正确的认识中钝化。

2. 学会正确的比较方法

一般说来,嫉妒心理较多地产生于原来水平大致相同、彼此又有许多联系的人之间。特别是、看到那些自认为原先不如自己的人都冒了尖,于是嫉妒心油然而生。因此,要想消除嫉妒心理,就必须学会运用正确的比较方法,辩证地看待自己和别人。要善于发现和学习对方的长处,纠正和克服自己的短处,而不是以自己之长比别人之短。这样,嫉妒心也就不会那么强烈了。

3. 充实自己的生活，寻找新的自我价值，使原先不能满足的欲望得到补偿

当别人超过自己而处于优越地位时，你若是聪明者就应当扬长避短，寻找和开拓有利于充分发挥自身潜能的新领域，以便能"失之东隅，收之桑榆"。这会在一定程度上补偿先前未满足的欲望，缩小与嫉妒对象的差距，从而达到减弱以至消除嫉妒心理的目的。例如，某人虽无真才实学，却善于钻营，官运亨通，成为你的上司。对此，你大可不必心存不满，而应发挥自己的专长，在业务上刻苦钻研，精益求精，同样可以令别人刮目相看。

4. 升华嫉妒，化嫉妒为动力

在工作单位，每个人都要在充满竞争的环境中客观地对待自己。不要把比自己优秀的同事当成与自己有竞争关系的对手，而要当成自己前进的动力。学会赞美别人，把别人的成就看做是对社会的贡献，而不是对自己权利的剥夺或地位的威胁，将别人的成功当成一道美丽的风景来欣赏，这样，你将会达到一个更高的境界。

从任何人的身上，都要学有所获

> 从我的祖父维勒斯，我学习到弘德和制怒。
> 从我父亲的名声及对他的追忆，我懂得了谦虚和果敢。
> 从赛克斯都，我看到了一种仁爱的气质，一个以仁爱方式管理家庭的榜样和合乎自然地生活的观念，看到了毫无矫饰的庄严，为朋友谋利的细心，对无知者和那些不假思索发表意见的人的容忍。
> 从我的兄弟西维勒斯，我懂得了爱我的亲人，爱真理，爱正义。
> ……

像大海接纳百川一样，虚心地向所有的人学习，这样才能增强我们的知识与技能，才能使我们广结朋友、受人尊敬。

真正有大成就者、能成大事业者无不是谦虚好学的人。当他们想要骄傲的时候，他们立即就会想到谦虚，他们会以空杯的心态、感恩的心态去面对任何一件事情、任何一个人。

井深大刚进索尼公司时，索尼还是一个只有20多人的小企业。但老板盛田昭夫却对他充满信心地说："我知道你是一个优秀的电子技术专家，就像好钢要用在刀刃上一样，我要把你安排在最重要的岗位上——由你来全权负责新产品的研发，怎么样？这一步走好了，企业也就有希望了！"

"我？我还很不成熟，虽然我很愿意担此重任，但实在怕有负重托呀！"虽然井深大对自己的能力充满信心，但是他还是知道老板压给他的担子有多重——那绝对不是靠一个人的力量能应付过来的。

"新的领域对每个人都是陌生的，关键在于你要和大家联起手来，这才是你的强势所在！众人的智慧合起来，还能有什么困难不能战胜呢？"盛田昭夫很自信地说。

井深大一下子豁然开朗："对呀，公司里不是还有20多名员工吗？三人行必有我师，自己有了问题，就可以向他们虚心求教了。"

于是，他一遇到自己不懂的问题，就会虚心向下级请教，下级都很愿意帮助他。有一次，他找到市场部的同事一同探讨销路不畅的问题，他们告诉他："磁带录音机之所以不好销，一是太笨重，一台大约45公斤；二是价钱太贵，每台售价16万日元，一般人很难接受，半年也卖不出一台。我们能不能在轻便和价格上做文章？"井深大点头称是，虚心接受意见。

然后他又找到信息决策部的同事了解情况。信息决策部的人告诉他："目前美国已采用晶体管生产技术，不但大大降低了成本，而且非常轻便。我们建议在这方面下工夫。"他回答："谢谢。我会朝着这方面努力的！"

在研制过程中，他和研制小组结合各方面的意见，解决了很多实际难题，终于在1954年试制成功日本最早的晶体管收音机，并成功地推向市场。索尼公司由此开始了企业发展的新纪元。

井深大并没有因为自己是电子技术方面的专家就看不起别人，听不进别人的意见。相反，他放下姿态，积极地向市场部和信息决策部的同事虚心求教，把谦虚的力量发挥到了极致，取得了事业的成功，而他自己也荣升为索尼公司的副总裁。

索尼公司一直秉承"谦虚"这一黄金法则："一定要有归零的心态，谦虚的态度和作风，开放的胸怀。"这一法则得以屹立于世界名企之林的因素之一。

真正的谦虚,要求人们毫无成见,思想完全解放,不受任何束缚;对一切事物都能做到具体问题具体分析,采取实事求是的态度;对于来自任何方面的意见,都能加以考虑。这样的人能做到在成绩面前不居功自傲、不重名利,在困难面前敢于迎难而上、主动进取。他们的谦虚并不是卑己尊人,而是既自尊,也尊人。

以积极的目光看到他人的优点

如果一个人对宇宙中产生的事物有一种感觉和较深的洞察力,那些作为其结果出现的事物在他看来就几乎都是以某种引起快乐的方式安排的。他能在一个老年人那里看到某种成熟和合宜,能以纯净的眼光打量年轻人的魅力和可爱。

如果一个领导能够做到如下几点:

一个曾受到众人诽谤,大家公认不可救药的人,经过仔细考察,发现事实并非如此,这人很有才华,因而大胆决定将这位员工提拔上来。

一个曾经当众辱骂过领导的员工,因为他专业能力强,可以不计前嫌地提拔到身边。

一个相貌丑陋、身材矮小的员工,因为他的真才实学,把他从众人之中选拔上来。

一个过去是领导的同事,现在是普通员工,在选拔员工时,他与别人条件相同,但这位领导并不因为与他是老朋友,而优先提拔他。

对一个曾经犯过错误的员工,能辩证地看待问题,发现这位员工的可贵之处,经过一段时间培养、考察,把他提升到一个新职位上。

一个知识、能力都比领导强的员工,领导不会因为嫉妒不提拔他,而是敢于把他提拔到重要的位置上来,在合作中展开竞争。

那么人们一定会认为这位老板的事业会兴旺发达,因为他能积极地发现每一位员工的优点，并为其创造施展才干的平台。

对于还没有成为老板的员工来说，也是同样的道理。以积极的眼光发现他人的优点，学会用欣赏的眼光看待周围的同事，你也会收获他们对你的赞誉，上班的时候心情也会大为好转，甚至会影响到你的工作效率。诗人雪莱说："世上并不缺少美，而是缺少发现美的眼睛。"那么，用心去发现同事身上的美吧！

比尔·盖茨的第一任秘书是个年轻的女大学生，除了自己份内的工作，她对任何事情都是一副不闻不问的冷漠。盖茨深感公司应该有一位热心爽快、事无巨细地把后勤工作都能揽下来的总管式女秘书，不能总让这方面的事情分他的心。他要求总经理伍德立即解雇现任秘书，并限时找到他要求的那种类型的秘书。

不久，盖茨在自己的办公室与伍德商讨换人之事，伍德一连交上几个年轻女性的应聘资料，盖茨看后都连连摇头。"难道就没有比她们更合适的人选了？"伍德犹犹豫豫拿出一份资料递到盖茨面前，"这位女性做过文秘、档案管理和会计员等不少后勤工作，只是她年纪太大，又有家庭拖累，恐怕……"

不等伍德说完，盖茨已经一目十行地看完了这份应聘资料："只要她能胜任公司的各种杂务而不厌其烦就行。"

就这样，盖茨的第二任女秘书——42岁的露宝上任了。几天之后的早上，露宝坐在自己的位置上，看到一个男孩子直奔董事长盖茨的办公室，经过她面前时只是"嗨！"地打了一声招呼，像孩子对待母亲似的那么自然。然后他摆弄起办公室的电脑。因为先前伍德曾特别提醒她，严禁任何闲人进入盖茨的办公室操作电脑，她立刻告诉伍德说有个小孩儿闯进了董事长的办公室。伍德表情淡漠地说："他不是小孩，他是我们的董事长。"后来，露宝才知道自己的董事长只有21岁。

这时，她以一个成熟女性特有的缜密与周到，考虑起自己今后在微软公司应尽的责任与义务。露宝到公司不久，有一天早上9点到公司上班，经过盖茨办公室，看见房门大开，盖茨躺倒在地板上，她以为盖茨因什么事情晕过去，大惊失色，冲出去要叫救护车，后来才知道盖茨睡得正香。由此，露宝理解了，软件设计工作比其他工作更需要倾注心血。从此，每当露宝早上到办公室，看见盖茨睡在地板上时，她就像母亲呵护儿子一样，给他盖好衣服，悄悄掩上门。关心盖茨在办公室的起居饮食，成了露宝日常工作的一项内容。这使盖茨感到了一种母性的关怀和温暖，减少了远离家庭而带来的种种不适感。盖茨也像对母亲一样对待他的这一位雇员，压根就没有考虑过再聘别人。

有的客户见到盖茨时会怀疑：眼前的小个子是不是微软公司的董事长？可能微软公司真正的董事长正在干其他的事吧？他们伺机打电话到微软公司核实，露宝接到这样的电话，总是和蔼可亲地回答："请您留意，他是一个年纪看上去十六七岁，长一头金发，戴眼镜的男孩子。如果见到的是这样的形象，准没错。自古英雄出少年嘛。"露宝的话化解了对方积郁在心头的疑虑。

露宝把微软公司看成是一个大家庭，善待身边的每一个人，并对公司的每个员工都有一份很深的感情。很自然，她成了微软公司的后勤总管，负责发放工资、记账、接订单、采购、打印文件，等等。

露宝成了公司的灵魂，给公司带来了凝聚力，盖茨和其他员工对露宝有很强的依赖心理。当微软公司决定迁往西雅图，而露宝因为丈夫在亚帕克基有自己的事业不能同去时，盖茨握住露宝的手动情地说："微软公司留着空位置，随时欢迎你。你快点过来吧！"3年后，露宝先是一个人从亚帕克基来到西雅图，后又说服丈夫举家迁来。露宝一直无法忘掉和盖茨相处的日子。她对朋友说："一旦你和盖茨共过事，就很难长久离开他。他精力充沛，平易近人，你可以无忧无虑，很开心。"

盖茨毫不在意露宝的已婚身份可能带来的家庭负累，只关注其成熟、缜密、值得信赖的一面。露宝则从盖茨看到了精力充沛、平易近人等优点。这样的互相欣赏让微软公司内自然形成了一种和谐友好的氛围，上下齐心，公司越来越兴旺发达。

与此相反，如果人们在工作中不会欣赏同事的优点，眼睛总爱盯着他人的缺点，甚至以己之长与他人之短相比较，在这样的情绪支配下，同事会对工作的展开持支持与配合的态度吗？

要时常肯定同事，即使与工作无关，也能够成为你与他建立友好桥梁的机会。发挥你心思细腻的特点，观察他最得意的方面，如穿衣品位、爱好兴趣、工作态度、办事效率，甚至他的健康等等，哪怕是不经意的一句话，都能表明你对他的关心。

从明天起，如果你发现中午的工作餐有一道好菜时，不要忘记说这道菜做得不错，并且把这句话传给大师傅；如果你发现一位同事的项目搞得很利索，不要忘记赞美他雷厉风行的工作作风；虽然这些话语并不能令他们得到加薪或提拔的好运，但至少，你是诚心诚意地向他们奉上了一颗令他们开心的"开心果"。

我们天生是要合作的,如同手足

> 我们是天生要合作的,犹如手足、唇齿和眼睑。那么,相互反对就是违反本性了,就是自寻烦恼和自我排斥。

杨瑞毕业后的第一份工作是在一家日用品公司做市场业务员。录用他的第一天,老板就告诉他:"业绩是与个人薪酬直接挂钩的,因此要像狼一样凶残与贪婪,要利用一切手段把同类公司乃至同事都打败出局,才能成为顶尖的销售高手。"

工作后,杨瑞每天都要到所辖区域的超市、百货店去查询本公司代理的日用品上柜情况,最关键还是要不遗余力地进行推销,让商家订购本公司的货品。为了取得更多的业绩,同事们对外不惜丑化其他公司同行,说它们的产品质量差、不讲信用、售后服务糟糕等;对内也是烽烟四起,同室操戈,把公司弄得像战场。既要对外作战,又要对内作战,还要时刻防备有人往自己背后戳上一刀,每个人都忙碌不堪,却始终无法停止这种无休止的纷争。

直到有一次公司遇到了一个难得的大客户,为了确保万无一失,老板派杨瑞和另外一个同事莫渊一起去谈判。为了得到这个大单,他们开始很不情愿地合作起来,并一致申明得到的业绩一人一半。于是他们开始行动起来,杨瑞负责材料收集,莫渊进行市场调查,并在策略方面进行了仔细探讨。

在谈判过程中，杨瑞充分展示了自己的谈判天赋，但是对方依然一个劲儿地压价。因为要货量大，杨瑞也不想失去这么大的一笔生意。差不多要妥协的时候，莫渊从在这家公司就职的亲戚那里得到了一个重要情报：客户是一家实力雄厚的大企业下属的分公司，要这么多货是为了紧急供给总公司。

于是，他们采取了拖延战术，一直到对方等不及了，只好答应原先的报价。

签了这个大单之后，杨瑞和莫渊从此成了最好的搭档，以合作共赢的方式稳居公司销售榜榜首。

人是天生要合作的，犹如手足、唇齿和眼睑。世界上没有十全十美的人，也没有万能的人，只有合作，我们才能取长补短，才能产生1+1＞2的效果，减少单干的无限能耗，将工作做到最好。马可·奥勒留认为，相互反对是违反本性的，是在自寻烦恼和自我排斥。与其把精力放在充满恶意的相互拆台上，还不如遵从本性，共同搭台，相互合作跳得更高更远。

行动方案

职场是所有人的职场，包括你，也包括你的同事。作为个体都有各自的思维、技能和个人利益。团队中每一个成员都具有其独特的一面，只有在取长补短、互相合作之下，才能产生最大的力量，创造出更大的价值。

在专业分工越来越细、市场竞争越来越激烈的前提下，单打独斗的时代已经过去，合作变得越来越重要。

一个人要成功，要达到自己的目的，就必须要善于借助外界的力量。这里的"借力"既指借助别人的智慧，也指寻找有用的社会资源。纵观历史上那些功绩显赫的人，无不是由于善于借助外界力量的支持而取得事业成功的。

只有多帮助别人，才会在你最需要的时候得到别人的帮助。不要事事都从自己的角度考虑。如果有任何问题或者遇到什么问题，先从别人的角度想一想，看看怎样能让他人更加方便。这样的人在团队当中会很受欢迎，同时也更有亲和力，而亲和力对于团队合作来说是很重要的。

适当信任你的合作伙伴。过度的猜忌是合作的瓦解剂。防人之心不可无，但是也不能因此把自己变成一个套子里面的人，处心积虑地防备他人。其实大多数人都是充满善意的，只是我们自设了一堵难以逾越的高墙。在工作中，适当放开自己紧锁的心门，在必要的时候信任你的合作者，你们的工作会因此变得高效起来。

不要对犯错的人愤怒,而是平静地向他展示他的错误

> 别人对你做了错事吗?向他指明他的错处,劝诫他吧。如果他肯听,你将医治他,但没有必要生气。

在职场上"沉浮"的人士都或多或少地遇到过惹人生气的人和事,如果控制不住自己的情绪,势必弄得办公室中气氛紧张。

有的同事把茶水倒在纸篓里,弄得一地是水,你也许会怒气冲天地叫他不要这样做;有的人在办公室里抽烟,你可能会一顿数落,请他出去抽;有的人爱没完没了地打电话,你也会皱紧眉头告诉他不要随便浪费公司的资源……即使出发点是好的,但是你当时的情绪和语气可能伤害了同事的自尊。大发雷霆都是没有必要的,对于犯错的人,只要平静地向他展示错误即可。

经济学家茅于轼陪一位外国朋友去首都机场,并打了辆出租车,等到从机场回来,他发现司机做了小小的手脚,没按往返计费,而是按"单程"的标准来计价,多算了60元钱。这时候如果是其他人,可能火冒三丈地与司机理论,或者毫不客气地向主管部门告发。因为这种欺诈行为实在令人愤怒。

茅于轼是这样处理此事的:以一种正常平和的语气指出了司机的错误,然后按照应付的价格付费。他说:"这是一种有原则的宽容,我不会以怨报怨,也不会以德报怨,而是以直报怨。如我仅还以德,他还会错下去,是在纵容他;我若还以怨,斤斤计较,大家的效率都低下;我

指出他的错误,然后公平地对待他。"

有人开玩笑地说:"以德报德是正常现象,以怨报怨是平常现象,以怨报德是反常现象,以德报怨是超常现象。"以怨报怨,最终得到的是怨气的平方;以德报怨,除非真的到达一定境界,否则只会让你心中不知不觉存积更多的怨。

其实,做人只要以直报怨,以有原则的宽容待人,问心无愧即可。宽容不是纵容,不要让有错误的人得寸进尺,把错误当成理所当然,继续侵占原本不属于你的空间。挑明应遵守的原则,柔中带刚,思圆行方,可以宽容错误的行为,但要改正他的错误。

行动方案

有话当面说,不在背后说长道短,这无疑是对的,但也不能因此而忽视了人与人之间关系的复杂性:只求敢说,不讲效果,这根本就无助于问题的解决。如果我们给别人提意见,因为言辞生硬,没有讲究方式方法,而造成同事关系紧张,那么应该考虑自我调整,克服自己过于直率的毛病了。

人们一般都爱面子,爱听赞扬的话,不妨为对方想想,不要只管自己说得痛快。尽管你是善意的,也会伤害对方,有可能造成对方的误解和怨恨。如果找一个恰当的机会,比如大家一起吃饭或聊天的时候,婉转地说出自己的想法,与当事人个别交换意见,也许更会得到对方的理解;或者用一个幽默来表达自己的看法,或许更有利于问题的解决。

维护集体利益：那对蜂群不好的东西，对蜜蜂也不是好的

> 所有分享一种共同东西的事物都倾向于与它们同类的事物，所以土性的事物都倾向于大地，液体的物质都倾向于一起流动，气体的物质也是如此，以致它们要求某种力量把它们分开。对群蜂不好的东西，对蜜蜂也是不好的。

一个将企业利益放在第一位的员工，能给他人以信赖感，让企业乐于接纳，在赢得团队和老板信任的同时，更为自己的职业生涯带来莫大的益处。

如果问一些老板最害怕遇到什么样的员工，相信这样的一群人必定名列其中：做事永远只看到自己的好处，目光短浅；没有大局的概念的，也不会有公司这个团队的位置。

当我们的个人利益与公司的整体利益发生冲突时，是坚守住自己的一点小利益还是顾全大局，为整体发展作出牺牲？这个问题的答案足以考验我们对公司的忠诚度。公司有时会因为一些需要而调整战略部署与市场策略，但并不一定会告诉全体员工决策的原因。尤其是公司高层的考虑并不见得能得到所有人的理解和支持，此时我们需要做的就是全力配合公司的整体行动。

微软公司的麦克尔曾经历了这么一次严峻的考验：

1984年的元旦是美国计算机史上一个影响深远的里程碑，在这一

天，苹果公司宣布它们正式推出首台个人电脑。这台被命名为"麦金塔"的陌生来客，以其更好的用户界面走向市场，向 IBM 的 PC 发起攻势。

而此时，微软的麦克尔和程序设计师们正在挥汗大干，忘我地开发研制"卓越"电子表格软件，这个软件已初见雏形。但经过再三考虑，比尔·盖茨不得不作出了一个心痛的决定，他正式通知麦克尔放弃"卓越"软件的开发，转向为苹果公司"麦金塔"开发同样的软件。

麦克尔得知这一消息后，百思不得其解，他急匆匆地冲进比尔·盖茨的办公室："我真不明白你的决定！我们没日没夜地干，为的是什么？我们的竞争对手就是在软件开发上打败我们的！微软只能在这里夺回失去的一切！"

比尔·盖茨耐心地向他解释事情的缘由："从长远来看，'麦金塔'代表了计算机的未来，它是目前最好的用户界面电脑，只有它才能够充分发挥我们'卓越'的功能，这是 IBM 个人电脑不能比的。从大局着眼，先在'麦金塔'取得经验，正是为了今后的发展。"

看到自己负责开发研究的项目半路夭折，年轻气盛的麦克尔一气之下向公司递交了辞职书。无论比尔·盖茨怎么挽留，他也毫不松口。不过设计师的职业道德驱使着他尽心尽力地做完善后工作。

麦克尔把已设计好的部分程序向"麦金塔"电脑移植，并将如何操作"卓越"制作成了录像带。之后，他便悄悄地离开了微软。

麦克尔回到家里，仔细想了想，虽然嘴上说不回微软，但他的内心不仅留恋微软，而且一直敬佩比尔·盖茨的为人和他天才的创造力。

第二天，他出现在微软大门时，比尔·盖茨上来拥抱他，说："上帝，你可总算回来了！"

此后，麦克尔专心致志地继续"卓越"软件的收尾工作，还加班加点为这套软件加进了一个非常实用的功能——模拟显示，比别人领先了一步。

半个月后，"卓越"正式研制成功，这一产品在多方面都远远超越了同类软件，而且功能更加齐全，效果也更完美。因此，产品一经问世，立即获得巨大的成功，各地的销售商纷纷上门订货，一时间，出现了供不应求的局面。

黑格尔曾说过一句非常深刻的话："譬如一只手，如果从身体上割下来，名虽可叫做手，实已不是手了。"这句话表明了部分脱离了整体，已经不能保持其属性了。

员工与企业的关系犹如手和身体，不能只看到自己，而应站在更高的角度关心企业的发展，要有统观全局、服从全局的先进思想，将企业利益放在第一位，追求整体效应。

行动方案

当你遇到为了大局利益必须牺牲自己利益的情况，心里不要怀有怨恨之情，要明白对符合整体利益的事物或行动，最终必然为自己带来益处。

把个人的追求融入到企业发展目标中，个人利益要服从企业整体利益，利益一致，目标一致，实现共同发展。

不要将对他人的恩惠记在账上

有一个人,当他为另一个人做了一件好事,就准备把它作为一种施惠记到他的账上。还有一个人不准备这样做,但还是在心里把这个人看做是他的受惠者,而且他记着他做了的事情。第三个人在某种程度上甚至不知道他所做的,他就像一株生产葡萄的葡萄藤一样,在它一旦结出它应有的果实以后就不寻求更多的东西。

李涛是一个乐于助人的青年,当他有一天也遇到困难的时候,他认为他曾热心帮助过的那些人一定也会伸手来帮助他。没想到他去求助的时候,很多朋友对他的处境居然是无动于衷,更别提帮助他了。他对这群忘恩负义的家伙非常恼火。

他在苦恼到极点的时候遇到了一位智者,并把事情经过全部吐露了出来。

智者耐心地听完之后,很平静地告诉他:"助人是好事,然而你却把好事做成了坏事。"

青年大惑不解:"为什么?"

智者说:"在帮助他人的时候,应该怀着一颗平常心,不要时时觉得自己在行善,觉得自己在物质和道德上都优越于他人,你应该只想着自己是在做一件力所能及的小事。而不是把帮助别人当成一种功利的投资,那样你将会十分失望。"

助人原本是一种快乐的事情，但是如果把这些都变成了赤裸裸的交换关系，一切助人的善意都已经变质。将对他人的恩惠记在账上不一定会有人买账，不但会给受恩惠者带来巨大的负担，也给自己带来了无穷的烦恼，因为太会算计的人总是活得很累。

美国心理专家威廉曾经是一个极能算计的人：他知道华盛顿哪家袜子店的袜子最便宜，甚至知道哪家快餐店比其他店多给顾客一张餐巾纸。但这种算计让他落下了一身的疾病。尽管他知道哪家医院的医生医术最高，哪家医院的药费最便宜，但是仍然病魔缠身，没有一天好日子过，更谈不到健康和幸福了。

直到得了一场大病，他才恍然醒悟，并开始对其他能算计的人进行研究，结果发现：凡是太能算计的人，都不同程度地存在身心隐患，他们中90%以上都患有心理疾病，他们的痛苦比不善于算计的人多了许多倍；太能算计的人，心率的跳动一般都较快，睡眠不好，常有失眠现象伴随；消化系统遭到破坏，气血不调，免疫力下降，容易患病；太会算计的人总是怀有过高过多的欲望，它们像山一样沉重地压在心头，这种压抑使他们很难获得快乐。

在我们的工作和生活中，帮助同事、帮助周围的人可以使我们工作更加愉快，更容易产生乐观的情绪。愿意帮助别人只是属于自己的事情，与别人是否感恩并无关系。心胸开阔，不计较个人得失的人更容易使人感到可亲可爱可敬，能赢得人们的好感与信任，从而使自己的内心获得温暖和满足感。人生难得"糊涂"，不图回报的恩惠将使你的周围更加和谐，为你愉快工作提供优良的环境，在某种程度上来说就是最大的回报。

行动方案

帮助必须是来自真心的，只有这样自己和别人才能感觉到自然不别扭。

不要总是把帮助别人当成以后别人帮助自己的筹码，那样的话即使你帮助了别人，别人也会觉得不舒服，进而对你产生排斥心理，以后会把它当成负重的人情债，即使以后回报你也是极不情愿。

　　凡事看开一点，看淡一点，胸怀放宽一点，凭良心做事，在别人需要帮助的时候伸出温暖的双手，不磨灭帮助人的良心。但也不看重回报。如马可·奥勒留所说，就像一株生产葡萄的葡萄藤一样，在它一旦结出它应有的果实以后就不寻求更多的东西。

第三章
价值至上:每个人都
致力于最有价值的创造

径直选择那更好的东西,并且坚持它

你要径直选择那更好的东西,并且坚持它——可是你说,有用的就是更好的。那么好,如果它对作为一个理性存在的你有用,就坚持它吧。

马可·奥勒留认为,当你选择例如众口称赞、权力或享受快乐等东西的时候,你就将不再能够集中精力偏爱那真正适合和属于你的善的事物。所以,你应当按照正确的理性行事,径直选择更好的东西,以全部身心转向它,并坚持它。

很多年前,英国一位叫克里斯托·莱伊恩的年轻建筑设计师,很幸运地被邀请参加了温泽市政府大厅的设计。他运用工程力学的知识,结合自己的经验,很巧妙地设计了只用一根柱子支撑大厅天顶的方案。

一年后,市政府请权威人士进行验收时,对他设计的一根支柱提出了异议。他们认为,用一根柱子支撑天花板太危险了,要求他再多加几根柱子。

但是他认为:"只要用一根柱子便足以保证大厅的稳固。"他详细地通过计算和列举相关实例加以说明,拒绝了工程验收专家们的建议。

他的固执惹恼了市政官员,年轻的设计师险些因此被送上法庭。

在万不得已的情况下,他只好在大厅四周增加了4根柱子。不过,这四根柱子全部都没有接触天花板,其间相隔了不易察觉的两毫米。

时光如梭,一晃就是300年。

300年的时间里,市政官员换了一批又一批,市政府大厅坚固如初。直到20世纪后期,市政府准备修缮大厅的天顶时,才发现这个秘密。

消息传出,世界各国的建筑师和游客慕名前来,观赏这几根神奇的柱子,并把这个市政大厅称作"嘲笑无知的建筑"。最令人们称奇的是这位建筑师当年刻在中央圆柱顶端的一行字:自信和真理只需要一根支柱。

这根支柱是来自心灵深处最执著的坚持,很多时候,敢于坚持自己的选择,敢于在巨大的群体压力之下不改变自己的初衷,这本身就是一种勇气。如果我们在工作中缺乏这种勇气,我们很可能与梦寐以求的机遇失之交臂,剩下的只是顿足叹息。例如,一位名叫福尔顿的物理学家曾运用新方法测量固体氦的热传导度,比依据传统方法、传统理论计算的数字高出500倍。面对这个巨大的差距,他害怕被人视为故意标新立异、哗众取宠,所以不敢坚持自己的观点,也没有声张。结果不久之后,另一位科学家测出了同福尔顿完全一样的结果,并大胆地进行公布,很快就在科技界引起了广泛关注。福尔顿听说后追悔莫及。

因此,当我们在工作中发现或者选择了在理性上属于更好的东西的时候,一定要敢于喊出自己的声音,敢于坚持自己的想法。

行 动 方 案

在现代高效率、快节奏的工作氛围中,每个人的时间都是非常宝贵的,我们没有必要在一些细枝末节上浪费时间和精力,而是应该直奔主题,以更好的方式来处理问题。当我们遇到群体压力的时候,一定要保持清醒的头脑,知道什么才是更好的东西,如果自己的选择不如别人的好,那跟着别人走肯定没有错。但是,如果自己的选择是更好的,就不要太在乎别人的眼光,要保留自己的独特风格,力排众议或者想办法采取各种方式坚持下去。

做最小的事情也要参照一个目标

> 灵魂摧残自身是在它让自己的行动漫无目标,不加考虑和不辨真相地做事的时候,因为甚至最小的事情也只有在参照一个目标来做时才是对的。

目标是一个人行动的指南针。找准目标,一个人做事才能够有效率,才能够把需要做的事情做好。有目标的人是在为效率、为美好的结果而忙,没目标的人只会越忙越乱。

在《爱丽斯漫游仙境》中,小爱丽斯问小猫咪:"请你告诉我,我应该走哪条路呢?"

猫咪说:"这在很大程度上要看你想去什么地方。"

"去哪我都无所谓。"爱丽斯说。

"那么你走哪条路都可以。"猫咪回答道。

"这……那么,只要能到达某个地方就可以了。"爱丽斯补充道。

"亲爱的爱丽斯,只要你一直走下去,肯定会到达那里的。"

现实中,像爱丽斯那样去哪里都无所谓的员工大有人在。他们在工作中标榜努力工作、勤奋学习,却从来没有一个工作目标,更谈不上职业规划,他们机械地工作,一刻不停地忙碌着,却永远也忙不到点子上——由于缺乏目标,他们把大量的时间和精力浪费在一些无用的事情上。

有一个广为流传的管理学故事,很好地说明了这个问题。故事说的是一群伐木工人走进一片树林，开始清除矮灌木。当他们费尽千辛万苦，好不容易清除完一片灌木林，直起腰来准备享受一下完成了一项艰苦工作后的乐趣时，却猛然发现，旁边那片树林才是需要他们去清除的，而不是这片树林！有多少人在工作中，就如同这些砍伐矮灌木的工人，常常只是埋头砍伐矮灌木，甚至没有意识到他们正在砍的并非是自己需要砍伐的那片树林。

任何行动都要有目标，有目标才能取得惊人的成就。

美国通用公司的董事长罗杰·史密斯在进入通用之初，只是一个名不见经传的财务人员。

罗杰初次去通用公司应聘时，只有一个职位空缺，而招聘人员告诉他，工作很艰苦，对一个新人来说可能相当困难。罗杰信心十足地对接见他的人说："工作再棘手我也能胜任，不信我干给你们看……"

在进入通用工作一个月后，罗杰就告诉他的同事："我想我将成为通用公司的董事长。"

当时他的上司对这句话不以为然，甚至嘲笑他自不量力，逢人便说："我的一个下属对我说他将成为通用公司的董事长。"罗杰将自己的目标逐步分解为一个个可以实现的中程目标，然后努力地逐一实现它。令他的上司没想到的是，若干年后，罗杰·史密斯真的成了世界上最大的"商业帝国"——通用公司的董事长。

如果你想让自己的工作卓有成效，也应当像罗杰·史密斯那样在工作前先为自己设定一个明确的目标，并为你的目标创建一种经常提醒自己的方式，即使做一件最小的事情，哪怕是一个俯卧撑运动，都要参照自己的目标，衡量其对总体目标的意义和价值。

行动方案

在你制定目标的时候,需要注意以下两点:

1. 认准自己真正的需要

你在生活中真正想要的是什么?这个问题看起来很简单,但是意义深刻,它对成功目标的制定至关重要。生活中最困难的一个过程就是要搞清楚我们自己究竟想要什么。大多数人都不知道自己真正想要什么,因为我们不曾花时间来思考这个问题。

就像在大海中航行,如果你不知道目的地是哪里,就只好遭受漂泊迷失之苦了。所以,在你决定自己想要什么、需要什么之前,不要轻易下结论,一定要先做一番心灵探索,真正地了解自己,把握自己的目标。只有这样,你才能在生活中顺利地前进。

2. 不要给目标设限

"自我设限"是人生的最大障碍,如果突破它,将会给我们的工作和人生带来难以置信的奇迹。美国潜能成功学大师安东尼·罗宾说:"如果你是个业务员,赚一万美元容易,还是十万美元容易?告诉你,是十万美元!为什么呢?如果你的目标是赚一万美元,那么你的打算不过是能糊口就行了。

有限的目标造成有限的人生,因此,当我们在为自己设定目标的时候,要尽量地伸展自己,不要给目标设限。

3. 排好目标顺序

一旦你确定了目标为何,就应该将先后顺序排妥。人不可能一次完成所有的事,所以,你得问自己,先从哪一项下手,目前对我最重要的目标是什么。再依优先顺序合理分配你的时间与精力,通常这是最具挑战性的部分。

工作时：精力充沛、宁静致远、不分心

> 当你做摆在你面前的工作时，你要认真地遵循正确的理性，精力充沛，宁静致远，不分心于任何别的事情。

成功学大师卡耐基认为：一个人若对某一项事业执著地追求，聚精会神，就能产生超乎寻常人的能力，就能作出令自己都吃惊的成绩来。

一个人在进行工作时，应该专注于当前正在处理的事情上。如果注意力分散，头脑不是在考虑当前的事情，而是想着其他事情的话，工作效率就会大打折扣。一次做好一件事，是一个优秀员工获得成功不可或缺的一项习惯。

美国钢铁大王卡内基的告诫也有异曲同工之妙，他说："把你所有的蛋放在一个篮子里，然后看住这个篮子，不要让任何一个蛋掉下来。"

这一形象的比喻告诉我们这样一个真理：一个人确定方向后，必须"聚焦"突进。若做什么事都朝三暮四，或什么都想抓住，到头来只会落个竹篮打水一场空。

一天，奥地利作家茨威格来到罗丹朴素的乡间住宅。他走进了罗丹的工作室。罗丹带他参观自己的近作——一个女性半身像。罗丹审视着这幅作品，对茨威格说："只有那肩膀上面，线条仍旧嫌太硬。对不起……"

说着说着，罗丹就顺手拿起一把小刀细心地修起这座雕像，旁若无人地干了一个多小时，没和客人说一句话。除了创造他理想中的雕像之

外,他把什么都忘记了,好像天地间只有工作的存在。当他修整完雕像,用湿布将它盖上,便向门口走去。还没走到门口,忽然发现了客人的存在。

虽然茨威格被冷落了一个多小时,但他却认识到:"这一天所得到的收益,比在学校里多年的用功得益还多。""一个人可以如此完全忘记了时间与整个的世界,这个认识,使我得到了空前绝后的感动。这一个小时,使我把握住了一切艺术、一切事业成功的奥秘——专注;集中着所有的力量以完成不论大小的一件工作;把我们容易分散的意志贯注在小小的点上。"

这一原则在职场上有着极大的用武之地。美国的IBM公司在招聘员工时,特别注重考察应聘者的专心致志的工作作风。通常在最后一关时,都由总裁亲自考核。营销部经理约翰在回忆当年应聘时的情景时说:"那是我一生中最重要的一个转折点。"

那天面试时,公司总裁找出一篇文章,对约翰说:"请你把这篇文章一字不漏地读一遍,最好能一刻不停地读完。"说完,总裁就走出了办公室。

约翰当时心想:不就是读一遍文章吗?这太简单了。他开始认真地读起来。过了一会儿,一位漂亮的金发女郎款款而来,"先生,休息一会儿吧,请用茶。"她把茶杯放在桌子上,冲着哈里斯微笑着。约翰好像没有听见也没有看见似的,还在不停地读。

又过了一会儿,一只可爱的小猫伏在了他的脚边,用舌头舔他的脚踝,他只是本能地移动了一下脚,丝毫没有影响阅读,他似乎也不知道有只小猫在他脚下。

那位漂亮的金发女郎又飘然而至,要他帮她抱起小猫。约翰还在大声地读,根本没有理会金发女郎的话。

终于读完了,约翰松了一口气。这时总裁走了进来问:"你注意到那位美丽的小姐和她的小猫了吗?"

"没有,先生。"

总裁又说道:"那位小姐可是我的秘书,她请求了你几次,你都没有理她。"

约翰很认真地说:"你要我一刻不停地读完那篇文章,我只想如何集中精力去读好它。这是考试,关系到我的前途,我不能不专注一些、更专注一些。别的什么事我就不太清楚了。"

总裁听了,满意地点了点头,笑:"小伙子,你表现不错,你被录取了!在你之前,已经有50人参加考试,可没有一个人及格。"他接着说:"在纽约,像你这样有专业技能的人很多,但像你这样专注工作的人太少了!你会很有前途的。"

做事专注是优秀员工的一种良好的习惯。一个人如果不能专注于自己的工作,是很难把工作做好的。当今社会,没有哪家企业、哪个老板喜欢做事三心二意的员工。从这种意义上说,工作专心致志的人,就是能把握成功机遇的人,只有一心一意做事的人,才能受到老板的器重和提拔。

行动方案

美国钢铁大王卡内基把自己的成功归因于勤奋和对某个目标持之以恒的毅力。他说:"我专心致志于一件事情的时候,好像世界上只有这一件事。"这种做法,值得人们学习。

不让你的思维转到别的事情、别的需要、别的想法上去,专注于你眼前正在做的事情,把其他所有的事情先放在一边,这是处理工作的有效方法。

只有排除干扰,从头脑中丢弃球赛、彩票、电影、股票等一些与你的工作无关的东西,将精力完全专注于一件事情上,才会产生伟大的思想结晶或行动硕果。

锻炼自己的意志力,咬紧牙关,坚持在一定的时间段内只做一件事情,依赖于意志力的驱动和坚持不懈的努力,有意识地、自觉地训练自己。

道德品格的完善在于，把每一天都作为最后一天度过

> 道德品格的完善在于，把每一天都作为最后一天度过，既不对刺激作出猛烈的反应，也不麻木不仁或者表现虚伪。

曾经，有一位成功人士在外地出差时不幸赶上了一场突如其来的大灾难——地震。地震发生的时候，他被压在倒塌的钢筋水泥之下，恐惧和黑暗慢慢袭来，他知道自己的生命快要结束了。这时，他想起平日里因为生意而东奔西跑，给父母孩子的关怀和照顾实在太少，心中愧意顿生，不禁泪水涟涟。他赶忙给太太发了个手机短信："亲爱的，对不起，以前没有给你和孩子更多的关爱，现在才明白，我欠你们的太多。真希望时光可以倒流，我一定好好爱你。"

人生在世，有许多的使命等待我们去完成，但是每个人在生命终结之时内心都有无法弥补的遗憾。虽然时间不能倒流，人生没有假设，但是我们可以通过假设来扪心自问：我珍惜现在所拥有的了吗？我现在为目标作出最大的努力了吗？海伦·凯勒通过假设"假如给我三天光明"，奥勒留通过设想"每一天都是生命中的最后一天"，来实现了对于自身生命意义和生活状态的反思，这种做法，值得人们效仿。

"既不对刺激作出猛烈的反应，也不麻木不仁或者表现虚伪。"这是斯多葛派哲学家关于他们心目中完善道德品格的描述，无论人们是否认同他们的哲学理想，他们为了达到自身完善而借助的方法是值得学

习的。

在职场上也是如此,无论在公司中身处何种职位,如果每个人都能把在工作岗位的每一天当成最后一天来度过,那么一定会出现一些令人惊喜的结果。

日本有一项国家级的奖项,叫"终生成就奖"。无数的社会精英一辈子努力奋斗的目标,就是为了能够最终获得这项大奖。但其中有一届的"终生成就奖",颁给了一个"小人物"——清水龟之助。

清水原来是一名橡胶厂工人,后来转行做了邮差。在最初的日子里,他没有尝到多少工作的乐趣和甜头,在做满了一年以后,便心生厌倦和退意。这天,他看到自己的自行车信袋里只剩下一封信还没有送出去,他便想:我把这最后的一封信送完,就马上去递交辞呈。

然而这封信由于被雨水打湿而地址模糊不清,清水花费了好几个小时,还是没有把信送到收信人的手中。由于这将是他的邮差生涯中送出的最后一封信,所以清水发誓无论如何也要把这封信送到收信人的手中。他耐心地穿越大街小巷,东打听西询问,好不容易才在黄昏的时候把信送到了目的地。原来这是一封录取通知书,被录取的年轻人已经焦急地等待好多天了。当年轻人拿到通知书的那一刻,他激动地和父母亲拥抱在了一起。

看到这感人的一幕,清水深深地体会到了邮差这份工作的意义所在。"因为即使是简单的几行字,也可能给收信人带来莫大的安慰和喜悦。这是多么有意义的一份工作啊!我怎么能够辞职呢?"

从那以后,清水深深地领悟了自己职业的价值和尊严,不再觉得工作乏味了。他一干就是25年,从30岁当邮差到55岁,清水创下了25年全勤的空前纪录。他在得到人们普遍尊重的同时,也于1963年得到了日本天皇的召见和嘉奖。

本来清水送出的那封录取通知书只是他职业生涯中所送出的无数信件中的一封,但由于想要辞职,这封信被赋予了特殊的意义,而显得无比郑重。为了这份郑重,清水费尽周折,完成了使命,也领悟了工作的意义。

也许日子一天一天平淡无奇地流过，人们在这平淡中逐渐淡化了自己的使命感和道德感，所以，不妨及时地给自己诸如此类的假设。

假设每一天都是最后一天，给自己警醒，让自己反思，是一个获得重生的机会。如果每一天都这样重生，那么距离自我完善和成功也就越来越近了。

行动方案

对于工作，不要等到失去它才知后悔，在拥有时就要懂得去珍惜它、掌握它、享受它，将今天当成生命中的最后一天来过。

经营好生命中的每一个今天。把今天当做自己生命中的最后一天来过，从而产生紧迫感和危机感，惜时如命，将那些最重要的事、最有意义的事优先办好。

珍惜自己生命中的每一天、每一分、每一秒，明确自己的使命和目标，为实现自己的使命和目标竭尽全力。

每一天都要过得很充实，每一天都不要荒废。让自己的每一分钟都能创造价值。加倍努力，直到精疲力竭。今天的每一分钟都胜过昨天的每一小时，让最后的变成最好的。

不要像仿佛你能活一千年那样行动

> 不要像仿佛你将活一千年那样行动。死亡窥伺着你。

不知从什么时候开始,"明天,明天……"成了人们的口头禅,很多人在这样的自我安慰中度过一个又一个今天。仿佛上苍给予我们的东西永远不会收回,仿佛我们有的是时间和精力。

殊不知,时间滔滔不息地向终点奔赴,当你把今天应该完成的事拖到明天去做时,这个"明天"就足以把你送进人生或者职场的坟墓了。

深夜,一个危重病人迎来了他生命中的最后一分钟,死神如期来到了他的身边。他对死神说:"再给我一分钟好吗?"死神问他:"你要一分钟干什么?"他说:"我想利用这一分钟看一看天、看一看地。我想利用这一分钟想一想我的朋友和我的亲人。如果运气好的话,我还可以看到一朵绽开的花。"

死神说:"你的想法不错,但我不能答应你。这一切早已留了足够的时间让你去欣赏,你却没有像现在这样去珍惜。你看一下这份账单:在六十年的生命中,你有二分之一的时间在睡觉;剩下的三十多年里你经常拖延时间;曾经感叹时间太慢的次数达到了10000次,平均每天一次。上学时,你拖延完成家庭作业;成人后,你抽烟、喝酒、看电视,虚掷光阴……"

说到这里,这个危重病人就断了气。死神叹了口气说:"如果你活着的时候能节约一分钟的话,你就能听完我给你记下的账单了。哎,真可惜，世人怎么都是这样，还等不到我动手就后悔死了！"

每个人的生命都是有限的，当拖延成为你的习惯时，死神也就在不知不觉中来临了。你可以给自己时间，生命却不会给你时间，正如中国古代诗人李商隐所吟诵的："人间桑海朝朝变，莫遣佳期更后期。"

类似的情况在我们的生活中经常会遇到，如果你把某一天的时间记录一下，会惊讶地发现，"拖延耗掉了我们很多的时间"。很多情况下，拖延是因为人的惰性在作怪，每当自己要付出劳动时，或作出抉择时，我们总会为自己找出一些借口、安慰，总想让自己轻松些、舒服些。有的人能在瞬间果断地战胜惰性，积极主动地面对挑战；而有的人却深陷于"激战"的泥潭，自己被主动性和惰性拉来拉去，不知所措，无法定夺……时间就这样被一分一秒地浪费了。

适当的谨慎是必要的，但谨慎过度就是优柔寡断，更何况很多像早上起床这样的事是没必要作任何考虑的。所以，我们要想尽一切办法不去拖延，而不是找借口去拖延，绝不让"我是不是可以等一等"的念头控制自己。

爱默生曾说："紧驱他的四轮车到别的星球上去的人，倒比在泥泞的道上追踪蜗牛行迹的人，更容易达到他的目标！"当你准备把今天的事情放到明天去做时，你应该想想：到底有多少明天在等着你，到底有多少机会在等着你，今天的太阳明天还会升起吗？

行动方案

我们应该如何克服工作中的拖拉心理呢？

1. 找出使你倍感苦恼的习惯拖延的一个具体方面，然后去征服它。挣脱拖拉作风对你生活某一个方面的束缚，一种得到解脱和成功的感觉将会帮助你在其他方面去战胜它。

2. 为自己规定一个期限。但你不要暗地里规定一个期限，这样很容易被人忽视，要让其他人都知道你的期限，并且期望你能如期完成。

3. 不要避重就轻。避重就轻是人的天性，但到头来只会导致问题铢积寸累，难上加难。

4. 勇敢揭开自己的伤疤。可是你在犹豫，迟迟不愿开始你的行动，因为你认识不到问题的严重程度。所以你应该在纸上写下你要做的事，把最严重的后果写出来而不是写些无关痛痒的东西，让它们像盐一样不停地撒在你的伤口上，直到你不再无视自己的疼痛。

5. 不要等到万事俱备以后才去做，永远没有绝对完美的事。预期将来一定有困难，一旦发生，就立刻解决。

6. 在拖延的时候惩罚自己。例如，你今天还是没有按时起床，那么你应该狠狠抽一下自己的脸或是用力扔掉你的闹铃；如果你没能按时完成你的既定工作，那么取消一顿丰盛的午餐或晚餐来惩罚自己。

7. 不要再使用"希望"、"但愿"、"或许"等词，因为这些词会促使你拖延时间。每当你发觉自己的话里又出现这几个词时，就应该改变自己的话。例如，你应该将"我希望事情会得到解决"改为"我要努力解决这件事"；将"或许问题不大"改为"我要保证没有问题"。

过一种幸福生活所需要的东西确实是很少的

> 自然并没有如此混合你的理智与身体结构,以致不容许你有确定自身的力量和使你自己的一切服从你支配的力量;因为成为一个神圣的人却不被人如此承认是很有可能的。要总是把这牢记在心:过一种幸福生活所需要的东西确实是很少的。

从前,有一个人觉得生活很沉重,便去见智者,寻求解脱之法。

智者给他一个篓子让他背在肩上,然后指着一条沙砾路说:"你每走一步就捡一块石头放进去,看看有什么感觉。"

过了一会儿,那人走完了沙砾路,智者问他有什么感觉。那人说:"觉得越来越沉重。"智者说:"这和你为什么感觉生活越来越沉重是同样的道理。当我们来到这个世界上时,每个人都背着一个空篓子,然而我们每走一步都要从这世界上捡一样东西放进去,所以才有了越来越累的感觉。"

生命之舟需要轻载。当你觉得生活中不堪重负时,不妨学会"卸载":将自己的烦恼和包袱一一放下,让自己的心态"归零"。

年轻的时候,玛丽比较贪心,什么都要追求最好的,拼了命想抓住每一个机会。有一段时间,她手上同时拥有十三个广播节目,每天忙得晕头转向,她形容自己:"简直累得跟狗一样!"

事情都是双方面的,所谓有一利必有一弊,事业愈做愈大,压力也愈来愈大。到了后来，玛丽发觉拥有更多、更大不是乐趣，反而是一种沉重的负担，她的内心始终有一种强烈的不安全感笼罩着。

1995年，"灾难"发生了：她独资经营的传播公司被恶性倒账四五千万美元，交往了七年的男友和她分手……一连串的打击直奔她而来。在极度沮丧的时候，她甚至考虑结束自己的生命。

面临崩溃之际，她向一位朋友求助："如果我把公司关掉，我不知道我还能做什么。"朋友沉吟片刻后回答："你什么都能做，别忘了，当初我们都是从'零'开始的！"

这句话让她恍然大悟，也让她勇气再生："是啊！我们本来就一无所有，既然如此，又有什么好怕的呢？"这样的转念令她顿时释然，短短半个月之内，她连续接到两笔很大的业务，濒临倒闭的公司起死回生，又重新运转起来。

经历这些挫折后，玛丽体悟到人生"无常"的一面：费尽了力气去强求，虽然勉强得到，最后留也留不住；反而是一旦放空了，随之而来的是更大的能量。

她学会了"生活的减法"。为了简化生活，她谢绝应酬，搬离了一百五十平方米的房子，索性以公司为家，在一个十平方米不到的空间里，淘汰不必要的家当，只留下一张床、一张小茶几，还有两只做伴的狗儿。

玛丽忽然发现，原来一个人需要的其实那么有限，许多附加的东西只是徒增无谓的负担而已。朋友不解地问她："你为什么都不爱自己？"她回答："我现在是从内在爱自己。"

一个人在觉得不堪重负的时候，应当学会做"减法"，减去一些自己不需要的东西。有时候简单一点，人生反而会过得更踏实。

行动方案

1. 用好生活的减法。两千多年前，苏格拉底站在熙熙攘攘的雅典集市上叹道：这儿有多少东西是我所需要的呢？要想清楚究竟什么才是自己真正需要的，让自己过上一种幸福、简单的生活。

2. 生活中我们要学会适可而止。懂得适可而止，欲望会带给你快乐；不懂得适可而止，欲望只能成为你的包袱。

3. 该放手时就放手，如果某一样东西是我们无论如何都不能得到的，与其无望地追求，不如智慧地放手。

如果你在履行你的职责，就做好手头要做的事

如果你在履行你的职责，那么不管你是冻饿还是饱暖、嗜睡还是振作，被人指责还是被人赞扬，垂死还是做别的什么事情，让它们对你都毫无差别。因为这是生活中的活动之一，我们都要经过这一活动，那么在这一活动中做好我们手头要做的事就足够了。

1862年，德国哥廷根大学医学院的亨尔教授非常高兴地发现，他的这届学生中，很大一部分人是他遇到的最聪明的学生。但同时他也感到了深深的忧虑，因为，越是聪明的人越不容易静下心来踏踏实实做那些看似很傻的工作，而那些很傻的工作恰恰就是很多人以后必须要担负的工作职责。

于是，开学后不久，每个同学手中都得到了一份亨尔教授的论文手稿。亨尔教授要求他们重新仔细工整地誊写一遍，但实际上那些手稿已经非常工整了。所有的同学都认为没有重抄的必要，因为那纯粹就是在浪费时间，还不如利用这段时间发挥自己的聪明才智去搞研究。他们一致认为，只有傻子才会坐在那里当抄写员，把自己宝贵的精力花费在这种没有价值而又繁冗枯燥的工作上。没想到，真的有一个叫科赫的"傻子"坐在教室里抄写手稿。

更让人想不到的是，就是这个最"傻"的人在人类历史上首次发现了结核菌、霍乱菌，并且也是第一个发现传染病是由病原体感染而造成

的人。他在1905年获得了诺贝尔生理学与医学奖。

也许在当初的那些同学当中，科赫并不算最出众的一个，但他老老实实地履行了职责，做好了手头该做的工作。也许很多人都会觉得要成就丰功伟业，就一定得去做惊天动地的大事，但是在实际工作中，我们往往要面对很多重复、枯燥、单调或者烦琐的事情，这是无法回避的问题。志当存高远，这没有错，但高远的志向也是一步一个脚印踏出来的。

马可·奥勒留认为，履行你的职责，是生活中的活动之一，在这一活动中，做好我们手头要做的事就足够了。这句话看似简单，但要真正做到并不容易。把手头该做的工作做好不仅是最基本的职责，也是我们踏踏实实走好每一步路的基石。

行 动 方 案

1. 要认清自己的职责。一位成功学大师说过："认清自己在做些什么，就已经完成了一半的责任。"

只有认清自己的职责，知道哪些是自己分内必须做好的，哪些是在做好分内工作的基础上才可以做的，才不会顾此失彼，才会主次兼顾，把决定要做的事情做好。一个连自己分内的工作都做不好的人，怎么能担当更重要的职责呢？在团队合作中，最基本的就是把自己的事情做好。只有这样，你才能不给别人带来麻烦。在这个前提下，再去帮助别人。

2. 提升自己的能力。提高自己的业务水平和能力，不断地加强自身的学习，才能让自己的能力适应公司的发展和市场的竞争。

3. 主动负责，不找任何借口。任何借口都是在推卸自己的职责。借口会让人变得懒惰，躲在借口的挡箭牌下面不肯出来行动。因为，即使你找出千百个借口，问题依然堆在那里等着你，而且会像滚雪球那样越积越多。只有放弃借口，立即行动起来，问题才能得到解决。

4. 在其位，谋其事。公司里每个职位都对企业的生命力起着至关重要的作用。任何一名员工如果在其位不谋其事，其所在位置的运作就会出现问题。老板肯定不会容忍一个不肯履行职责的烂苹果员工长久地待在公司形成破坏力的。

5. 自愿承担艰巨的任务。公司的每个部门和每个岗位都有自己的职责，但总有一些突发事件无法明确地划分到哪个部门或个人，而这些事情往往是比较紧急或重要的。如果你是一名有责任感的员工，就应该从维护公司利益的角度出发，积极去处理这些事情。如果这是一项艰巨的任务，你就更应该主动去承担。不论事情成功与否，这种迎难而上的精神都会让大家对你产生认同。另外，承担艰巨的任务是锻炼自己能力难得的机会，长此以往，你的能力会迅速得到提升。

6. 在工作时间避免闲谈。可能你的工作效率很高，可能你现在工作很累，需要放松，但你一定要注意，不要在工作时间做与工作无关的事情。这些事情中最常见的就是闲谈。在公司，并不是每个人都很清楚你当前的工作任务和工作效率，所以闲谈只会让人感觉你很懒散或很不重视工作。另外，闲谈也会影响他人的工作，引起别人的反感。

不要不加考虑地被事物的现象牵着鼻子走

> 不要不加考虑地被事物的现象牵着鼻子走,而要根据你的能力和是否对他们合适而给所有人以帮助;如果他们蒙受无关紧要的物质上的损失,不要把这想象为是一种损害。因为这是一种坏的习惯。

马可·奥勒留认为,我们在帮助别人的时候要根据自己的能力给予别人合适的帮助。当他们遭受的只是无关紧要的物质损失的时候,不要把它想象成是一种损害。不能被事物的现象牵着鼻子走,不能帮无关紧要的忙,更不能帮倒忙。但是,在我们的现实生活中,我们常常犯这样一个错误:太相信自己的眼睛,太相信自己所看到的现象。

我们常常说眼见为实,但实际上眼见并不一定都为实。就像我们在物理课本上学过的假象那样,一根筷子在杯子里看起来是弯的,但实际上它却是直的。很多东西,只有用心才能看得清,实质性的东西,往往用眼睛是看不见的。用心思索,把问题看透才不会被事情的假象或者表面现象牵着鼻子走。

某天,几个弟子为了"大悟"一意,争得面红耳赤。于是,他们几个一起来到智禅大师的栖室,问道:"这世间,何谓'大悟'呢?"智禅大师微笑着说:"大悟自在心静中。"此时,那几个徒弟显得有些迷惑。

午膳之前,智禅大师带着那几个弟子,来到后山的李子林里。枝头上的李子大都熟透了,紫里透红,散发出一缕缕诱人的芳香。智禅大师吩咐两个弟子从树上采摘了一竹篓李子。而后，他让在场的每一位弟子品尝，李子的汁液像蜜汁一样甘甜。吃完之后，智禅大师带着弟子走到一个小小的水潭前，他俯身掬起一捧潭水喝了起来。然后，他让弟子们也尝一下。

弟子们纷纷模仿师傅的样子，喝了几口潭水后，便咂吧咂吧嘴。智禅大师问："小潭的水质如何呢？"弟子们又用舌头舔了舔嘴唇，回答说："小潭里的水，比我们舍近求远担来的水甜多了。往后，我们可以到这小潭来担水吃呀！"这时候，智禅大师便让一个弟子提了一木桶潭水。然后，他们回到寺院。午膳之后，智禅大师让每个弟子都重新来品尝一下从后山小潭打回来的水。

弟子们尝过之后，大都将水吐了出来，个个都皱起了眉头。因为，这水很涩，而且有一股腐草味儿。智禅大师解释道："为什么同一个小潭里的水，却有两种不同的滋味呢？因为你们先前品尝的时候，都吃过李子，口里留有李子的余汁，所以就把这水的涩给掩盖了。"众弟子们都认同地点了点头。

智禅大师看了看面前的徒弟，意味深长地说："世上有些事情，即使你我亲自体验过，也未必触及它们的本质。因为有些事情往往一时会被美丽的假象所迷惑，'大悟'就是这个道理呀！"

在我们的工作中，会遇到很多类似的情况，对于很多事情，当我们着手解决的时候一定要仔细思考，理清其中的盘根错节，才能从根本上解决好问题。

多年前，美国华盛顿的杰斐逊纪念堂前的石头腐蚀得厉害，使得维护人员大伤脑筋，而且也引起了游客们的抱怨。按一般人的思路，最简单的做法就是更换石头，但这样做需要花费一大笔钱。

这时有管理人员开始不断思考：石头为什么会腐蚀？原因是维护人员过于频繁地清洁石头。

为什么需要这样频繁地清洁石头？因为那些经常光临纪念堂的鸽子们留下了太多的粪便。

为什么有这么多的鸽子来这里？因为这里有大量的蜘蛛可供它们觅食。

为什么这里会有这么多的蜘蛛？因为蜘蛛是被大量的飞蛾吸引过来的。

那么，为什么这里会有大量的飞蛾？原来，大群飞蛾是黄昏时被纪念堂的灯光吸引过来的。

通过不断地发问，真正的原因被找到了。之后，管理人员推迟了开灯的时间。这样一来，没有了灯光，飞蛾就不会再来；没有了飞蛾，就没有蜘蛛；没有了蜘蛛，就没有鸽子；没有了鸽子，就没有了粪便；没有粪便，石头就不用频繁地清洗，自然也不会继续腐蚀下去。

一个小小的举措，不但解决了问题，还节省了一大笔开支。在工作中，多问几个为什么，多思索，寻根问源，才不会被事物的现象牵着鼻子走，才能一针见血地解决好问题。

行动方案

做事情的时候不要盲目冲动，要多视野、多角度地进行辩证分析。以一颗缜密的心来对待所遇到的工作，像医生给病人看病那样进行望闻问切，找准问题的症结所在，才能对症下药，找到解决问题最有效的方法。

把生命浪费在思考别人上，
你就丧失了做别的事情的机会

> 当你不把你的思想指向公共福利的某个目标时，不要把你剩下的生命浪费在思考别人上。因为，当你有这种思想时，你就丧失了做别的事情的机会。

马可·奥勒留认为，当我们过度地关心别人在做什么，为什么做，他说了什么，想了什么，争论什么的时候，我们将会忽略观察我们自己的支配力量，失去自己，丧失了做别的事情的机会。

张浩和周树毕业后一起来到广州闯天下。张浩很快就做成了一单大生意，被提拔为部门经理；周树业绩很差，依旧是一个业务员，还是张浩的手下。

周树心里非常不平衡，就去寺庙里找了一个和尚，希望能够通过他求得神明的帮助。和尚说：你等三年再看看。三年的漫长等待终于过去了，原本想看着张浩翻船的周树看到的却是：张浩已经升为总经理了。这让周树非常沮丧。和尚说：再等三年你再看。又过了一个三年，周树气急败坏地去见和尚：张浩已经自己当老板了。你这个秃驴到底有没有在帮我啊？这样忽悠人真不够厚道！

和尚很平静地说：我以为你会在这一个个三年里追赶他，却没想到你把所有的时间和心思全都浪费在了别人身上。在这六年内张浩成了老板，我也从普通的和尚升为方丈了。我们都是自己，都为自己活着，监管着自己的责任，但你是谁？你在干什么？你痛苦地为张浩活着，监管着他的一切，不去做自己该做的事情，现在这个结果是注定的。

一年之后，周树一路狂喜着来找和尚：和尚你不对，张浩公司破产了，已经进了监狱。

面对周树的幸灾乐祸，和尚无比悲悯地看着他：你丢掉的不止是地位、金钱和面子，你丢掉的是你自己啊。张浩即使破产了、坐牢了，他还是他自己啊！

三年后，张浩通过在服刑期间的彻底思索，写出了一本轰动一时、影响很大的畅销书。提前出狱后，张浩到处签名售书，红得发紫。周树看着电视上风光无限的张浩，心里很不是滋味，经过痛苦的沉淀之后，他给和尚发了一条短信：我终于相信命运了，是张浩的命好，即使坐牢也能捞到一大桶金。

和尚给他回了信息：阿弥陀佛，你还没找到自己。

在现实生活中把自己弄丢的人又何止周树一个人呢？他们不好好工作，总是把有限的生命浪费在别人的生活里，浪费在思考别人的世界里。过度关注别人工作的优劣、命运的好坏，对别人的成功眼红、嫉妒，对于别人的灾难幸灾乐祸、落井下石，甚至不惜拉帮结伙搞办公室政治，却忘记了自己才是最重要的，忽略了对于自己最重要的事情。其实，做好自己的工作才是最重要的，自己的前程是由自己争取来的，并不会因为别人的优秀或拙劣而有丝毫的改变。

行 动 方 案

思考别人多了，就没有时间来思考自己了，就会丧失做别的事情的机会了。自己活得怎样才是最重要的，如果不努力工作，即使你的"眼中钉"垮了，还会有千千万万个"眼中钉"站起来把你淹没。

生命有限，时间有限，在这个快节奏、高效率的社会里，我们没有停滞下来观察别人的资格，因为一不小心就会被淘汰。人生的命运往往取决于你自己的努力程度，别人的失败掩盖不了你的不优秀。只有把自己工作做好了,才是最理直气壮的事情,才是最值得骄傲的事情,所以,还是把时间多放在自己的身上吧。对手和假想敌并不是真正的敌人,他们是我们奋斗的目标、学习的榜样,只有朝着优秀的人看齐,踏实走好自己的每一步路,认真做好自己的每一份工作,才能同别人一样站在成功的高峰之上笑傲江湖!

第四章
理性孕育德行，自律方能自由

节制是理性动物拥有的德行

> 驱散想象,克制欲望,消除嗜好,把支配能力保持在它自己的力量范围之内。

马可·奥勒留是斯多葛派的重要代表人物,斯多葛派传承了古希腊包括柏拉图等人关于节制的美德,他们认为人不应当为欲望所奴役、所支配,鼓励年轻人恢复德行和节制,走上正道。

所谓节制,就是指懂得分寸,能适可而止。节制欲望,消除嗜好,把支配能力保持在它自己的力量范围之内,不至于逾越或过分。使用金钱、支配时间都不要浪费,要恰到好处。

池明和同事们去欧洲考察,当他们进了一家德国餐厅之后,发现德国人很小气,一对情侣桌子上居然只摆着一个碟子和两杯酒。池明和同事们点了很多菜,狼吞虎咽之后,也没在意那些还没有吃完的三分之一就结账走人。

结果没走几步,池明他们就被几个德国老太太拽住,谴责他们剩的菜太多,太浪费。池明他们觉得非常好笑:"我们花钱吃饭埋单,剩多少,关你老太太什么闲事?"听到这话,老太太们更加生气了,为首的老太太立马掏出手机,拨打电话。

不一会儿,一个穿制服的人开车来了,据说是社会保障机构的工作人员。问完情况后,这位工作人员拿出罚单,开出50马克的罚款,并郑重地告诉他们:"需要吃多少,就点多少!钱是你自己的,但资源是全社会的，世界上有很多人还缺少资源，你们不能够也没有理由浪费！"

节制用物、绝不浪费是德国给池明和同事们最深的印象。节制并不是抠门，而是文明、理性、内敛的光芒。思科、沃尔玛、丰田等五百强企业的很大一部分利润就是靠企业员工通过节制浪费省出来的。钱是企业的，同时也是自己的，因为自己的小钱就是从企业的大钱之中分流出来的，还有更多同事生存的小钱需要从企业中分流出来。节制，是一种美德。

行动方案

节制，不仅是节约，还是一种修养，是一种克己的德行，一种成功的基因。控制自己能够让一个人变得更强大。

万科董事长王石认为："节制有被动的和主动的，主动地节制会让自己更好地达到目标，也会更快乐。"节制是一种类似可持续发展的智慧，它拒绝贪婪，拒绝放纵自我过度透支时间、金钱、物质资源。节制必须是发自内心的，才能长久。主动节制，要求我们做到：节约公司的每一分钱，改变那种花公司的钱不心疼的麻木心态；早睡早起，避免对体力的超负荷透支，保持充沛的精力迎接每一天的工作；节制饮食，防止暴饮暴食，使自己拥有健康的身体和清晰的思维；节制情绪，不随便对别人发火，配合同事做好工作；节制贪欲，避免为了一己私利不择手段，不活在殚精竭虑、费尽心机的算计中。

意志自由才是真的自由

> 从阿珀洛尼厄斯，我懂得了意志的自由。他在全部的生命中只关心这一点，即他的思想不要离开那属于一个理智的人，属于一个公民团体的人的一切。

有些人向往纯粹的自由，但这在现实生活中是不存在的，自由的概念充满辩证色彩，自由与约束永远共生共存。绝对的自由只来自于内心意志的自由才是真自由。

在大西洋上有一个罗德岛，岛上有一座监狱旅馆，游客可以自己宣判自己的罪行，进入监狱，过上被囚禁的生活。在监狱里，"囚徒"必须劳作、操典、行动整齐划一，自由被暂时剥夺。娱乐也必须在允许的范围之内进行。

出乎意料的是，这座"监狱"的生意很好，尽管价格不菲——125美元一夜，但还是有很多人排长队等待"入狱"，他们认为禁锢也有禁锢的好处，这种与自由反方向的另类生活特别安全、宁静，可以让人安心睡上一个好觉，而不用担心被抢劫。

自由和禁忌，是生活的两面。人们总是在禁忌、纪律、模式中向往自由，但是自由久了又会生出百无聊赖、无所事事，甚至在潜意识里等待"入狱"，等待被禁锢的状态。

当我们每天需要按时按点上下班，遵守各种纪律的时候，我们大多数人的心里是多么的向往自由。但是，如果让我们马放南山那样无拘无束也许并不是一件好事情，很多时候人的才华都是在紧凑和无形的压力中才能得到最大限度的升华与发挥。罗曼·罗兰小说里的约翰·克里斯多夫很小就担负着维持家计的重担，他身兼好几份演奏工作，没日没夜地练习、演奏、挣钱。但是，正因为这种没有任何自由的炼狱生活使他的潜力得到了最大限度的发挥，最终使他成为天才的音乐家，他在音乐里找到了他所要的自由与快乐。

自由来自于人的灵魂与意志，如果灵魂是不自由的，那么即使身体得到了自由，也依然没有真正获得自由。在电影《肖申克的救赎》里，安迪用了20年的时间挖地道，终于逃出了监狱，在一个暴风雨夜获得了身体与灵魂的自由和救赎。然而，在监狱里度过了大半生的布鲁克斯，当他终于获得自由的时候，却试图通过伤害其他囚犯而让自己继续留在监狱里，因为"在监狱里他是个有知识的体面人，而到外面之后他什么也不是"。可怜的布鲁克斯最终在获得自由之后的惶惶不安中上吊自杀。在监狱里的40多年中一直期望获得假释的瑞德在终于获得自由的那一刻也同样感到了不习惯。

安迪说："你是粗糙自由的石头！没有人可以把你粗糙的内心也打磨光滑。你是自己的主人！你是自己的锤子、凿子和刻刀，给自己自由和希望。你才是那制定下棋规则的人——走出那围困你的棋局，把希望的缰绳释放到很远很远的，连你自己都没有触摸过的最深的未知里，敢于触摸未知，你就获得了希望！"

身体的自由并不是真正的自由，你可以因为遵守规则而坐在办公室里工作，但是你的思想、你的灵魂却是你自己可以掌握的，你所渴望的希望、自由等人性中最美丽的光辉，其实就住在你的心里。当你追逐梦想的时候，你会发现自己是自由的，因为那是一种天高任鸟飞、海阔任鱼游的自由；当你攀上事业高峰的时候，你会发现自己是自由的，因为你终于摆脱了困顿的枷锁；当你继续攀登更高山峰的时候，你会发现自己是自由的，因为你在不断的超越中一览众山小。

心理学家弗洛姆在《逃避自由》一书中认为，人类具有逃避自由的倾向。因为人类要保持自我的独立性，追求自由，就必然会陷入孤苦伶仃的无援境地；要想逃避孤独，就必然要放弃自我，逃避心灵的自由相对于孤独的境况，大部分人更倾向于选择逃避自由。人们需要秩序、需要法规，在这些条条框框的约束下，人们会获得起码的安全感，按部就班地活下去。

对于纪律，我们不要总是抱着排斥的心理，因为它有其存在的必要性。没有规矩，不成方圆，在纪律的禁锢中发展自我，在有限的条件里保持个性与自由，在自由与禁锢中碰撞出成功的火花，这，是我们可以自由选择的生存方式。

第四章 理性孕育德行，自律方能自由

理性的动物是互相依存的，忍受亦是正义的一部分

> 你是对什么不满呢？是对人们的邪恶不满吗？那就让你的心灵回忆起这一结论吧：理性的动物是相互依存的，忍受亦是正义的一部分。

新英格兰的妇女运动名人格丽·富勒曾将这句话奉为真理："我接受整个宇宙。"是的，人类必须接受不可避免的事实。即使我们不接受命运的安排，也不能改变事实分毫，我们唯一能做的，就是忍受。

微软公司总裁比尔·盖茨认为，生活是不公平的，你要去适应它。没有绝对的公平，这着实让人不愉快，但确是实情。公平不是一种状态，而是一种心态，只有你承认生活中的不公平，并接受它们，你才能有一个快乐的人生。承认生活中充满着不公平这一事实的一个好处便是它激励我们去尽己所能，而不再自我伤感。

是的，世上没有绝对的公平，兔子吃草，这对草是不公平的；狼吃兔子，这对兔子也是不公平的；狼也有自己的天敌，它的天敌以它为食物。虽然每一个环节看起来都是不公平的，但是整体看起来，正是这许许多多的不公平构成了维护大自然平衡与发展的食物链。如果食物链消失了，表面上看好像动物们都获得了公平的待遇，但是它们无法继续生存，这才是更大的不公平。宇宙之间，必定有某些牺牲者，理性动物之间也是如此，它们相互依存，忍受是正义的一部分。

某欧洲国家一位著名的女高音歌唱家，仅仅30多岁就已经红得发

紫，誉满全球，而且郎君如意，家庭美满。一次她到邻国开独唱音乐会，入场券早在一年以前就被抢购一空，当晚的演出也受到极为热烈的欢迎。演出结束之后，歌唱家和丈夫、儿子从剧场里走出来，一下子被早已等在那里的观众团团围住。人们七嘴八舌地与歌唱家攀谈着，其中不乏赞美和羡慕之词。有的人恭维歌唱家大学刚刚毕业就开始走红进入了国家级的歌剧院，成为扮演主要角色的演员；有的人恭维歌唱家有个腰缠万贯的某大公司老板作为丈夫，而膝下又有个活泼可爱、脸上总带着微笑的儿子……

在人们议论的时候，歌唱家只是静静地听，并没有表示什么。等人们把话说完，她才缓缓地说："我首先要谢谢大家对我和我的家人的赞美，我希望在这些方面能够和你们共享快乐。但是，你们看到的只是一面，还有另外的一个方面没有看到。那就是你们夸奖活泼可爱、脸上总带着微笑的这个小男孩，不幸是一个不会说话的哑巴，而且，他还有一个姐姐，是需要长年关在装有铁窗的房间里的精神分裂症患者。"

歌唱家的一席话使人们震惊得说不出话来，你看看我，我看看你，似乎很难接受这样的事实。这时，歌唱家又心平气和地对人们说："这一切说明什么呢？恐怕只能说明一个道理：上帝是公平的。每一种拥有背后都伴随着某种牺牲。"

许多不公平的经历，我们是无法逃避的，也是无从选择的。我们只能接受已经存在的事实并进行自我调整，抗拒不但可能毁了自己的生活，而且也许会使自己精神崩溃。因此，人在无法改变不公和不幸时，要学会接受它、适应它。

威廉·詹姆士曾说："心甘情愿地接受吧！接受事实是克服一切不幸的第一步。"成功学大师卡耐基也说："有一次我拒不接受我遇到的一种不可改变的情况。我像个蠢蛋，不断做无谓的反抗，结果带来无眠的夜晚，我把自己整得很惨。后来，经过一年的自我折磨，我不得不接受我无法改变的事实。"

行动方案

面对不可避免的事实，我们就应该学着做到诗人惠特曼所说的那样："让我们学着像树木一样顺其自然，面对黑夜、风暴、饥饿、意外等挫折。"

面对现实，并不等于束手接受所有的不幸。只要有任何可以挽救的机会，我们就应该奋斗。但是，当我们发现情势已不能挽回时，最好的办法就是坦然接受。

明白了这些，你就会善于利用不公正来培养你的耐心、希望和勇气。缺少时间的时候，可以利用这个机会学习怎样安排一点一滴珍贵的时间，培养自己行动迅速、思维灵敏的能力。就像野草丛生的地上能长出美丽的花朵，在满是不幸的土地上，也能绽开出美丽的人性之花。

生活的不公正更能培养美好的品德，我们应该做的就是让自己的美德，在不利的环境中放射出奇异的光彩。你也许正为一个专横的老板服务，并因此觉得很不公平，那么不妨把这看做是对自己的磨炼吧，用亲切和宽容的态度来回应老板的无情，借着这样的机会磨炼自己的耐心和自制力，转化不利的因素，利用这样的时机增强精神的力量。而老板经过你的逐渐感化，将会认识到自己行为的不妥，从而改变对你的不公的做法。同时，你自己也会提升到一个更高的精神境界，一旦条件成熟，你就能进入崭新的、更友善的环境中。

在任何时候都要依赖理性

从戴奥吉纳图斯，我学会了不相信巫师之言，驱除鬼怪精灵和类似的东西。

从阿珀洛尼厄斯，我懂得了在任何时候都要依赖理性，而不依赖任何别的东西。

如果你回到你的原则并崇敬理性的话，过十天你对人们就会像是一个神，而现在你对他们却像是一头兽和一只猿。

在一系列员工培训课程结束之后，老板走到台前对全体员工说："为了知道你们对我是否忠诚，我现在命令你们从五楼跳下去。愿意执行命令的请举手。"其中有百分之三十的人往后撤，他们的理由是：生命诚可贵，我们只执行正确的命令，错误的命令我们不执行。另有百分之六十的人有些愤怒地告诉老板：老板需要身先士卒，老板跳我们就跳。对此，老板非常失望。最后，只有一个站了出来，一副视死如归的表情跟老板和同事说：我跳了，请照顾好我的家人。老板非常生气地拖住他："你想干什么？你真是个笨蛋！"其中有三个人在这段时间内扛来了能顺利从五楼下到地面的收缩楼梯。老板异常高兴地表扬他们："总算还能看到我们公司有这么理性又忠诚的人。"

理性是一种非常宝贵的品质，理性的前提就是拥有异常清晰的头脑，不盲目，不冲动，既服从命令又不是不经思考地呆板执行，既不卑不亢不损自尊也能圆满完成任务。

安宁是一个不会喝酒的人,可他的工作偏偏就是一家酒厂的销售代表,更奇怪的还是他的业绩多年来一直是全厂最好的。有一次和朋友一起在外面吃饭,任朋友们怎么劝,他从头到尾只浅浅地抿了一小口,这让大家很不满意:"你不喝酒,真不知道你这些年的酒是怎么卖出去的。"

安宁笑笑:"就这么卖啊,谁买就卖给谁。"

朋友们显然不满意这样的回答:"难道面对那些客户的时候你也能拒绝喝酒吗?"

安宁依然笑笑:"不能喝肯定就是不会喝的。"

朋友说:"你不怕客户生气?顾客可是上帝呀!"

安宁平静地说:"我心中没有上帝。"他的话让朋友们一震。

是啊,为什么卖酒的就一定要喝酒呢?我们理性思考过这个问题了吗?难道"顾客就是上帝"这句话就一定是正确的吗?把顾客当成上帝就一定能够得到上帝的钞票吗?当然不是。相反的,如果心中没有了上帝,你就不必心存顾忌,患得患失,买卖双方是平等的、互惠的,谁都没有必要去迎合对方。在生意上,如果想讨好客户而一味迁就,结果说不定反而失去客户。如果我们保持理性和原则,不在"势"上低人一等,做到不偏不倚、公平博弈,既保持了自己高贵的尊严,也赢得了别人的尊重,同时也做成了生意。

推而广之,如果身为员工的我们整天心惶惶地看着老板的脸色,把老板当做上帝,担心哪一天有哪一点做不到就丢了饭碗,而忽视了那个饭碗是需要自己端稳的客观事实,把心思放在讨好老板身上而不是努力工作身上,不能为公司创造价值,这样的话,哪怕你整天对着老板祈祷,他也不会留用你的。

正如《沉思录》中所说,如果你回到你的原则并崇敬理性的话,过十天你对人们就会像是一个神,而现在你对他们却像是一头兽和一只猿。选择做人,还是做兽,全依赖于你的理性。

行动方案

俄国作家冈察洛夫告诉我们："一切事情都要冷眼观察，一切事物都得盘算掂量，别让自己沉醉，别胡思乱想，不受诱惑，哪怕幸福就在眼前。"话中的冷眼观察和盘算掂量突出了理性的重要性，在任何境遇之下，不受诱惑，不被迷惑，坚持自己的原则和理性，这样的人，是真正将人做到圆满之处的人。这一点，也是让人逐渐趋于神性而远离兽性的根本点。

依赖理性的人必定能够坚持理智地做人和思考，必定能够对一切个别事物保持一种明辨并摆脱无知。理性是人的独特所在，这种独特性并不是永恒地寓于我们的头脑之中的。在人的肉体死亡之前，对事物的关照和理解力将先行消失，那些年老而糊涂昏聩的人，就是这个问题的最好证明。我们所能做的，是在理性未消失之前，无限地开发它，有效地利用它。

第四章 理性孕育德行，自律方能自由

控制情绪，才能不受干扰地尽责于自己的义务

> 如果舵手被水手辱骂或医生被病人辱骂，他们还会听任何别的人的意见吗？或者舵手能保证那些船上的人的安全、医生能保证那些他所诊治的人的健康吗？

在非洲草原上，有一种不起眼的动物叫吸血蝙蝠，它的身体极小，却是野马的天敌。这种蝙蝠靠吸动物的血生存。在攻击野马时，它常附在野马腿上，用锋利的牙齿迅速、敏捷地刺入野马腿，然后用尖尖的嘴吸食血液。无论野马怎么狂奔、暴跳，都无法驱逐这种蝙蝠，蝙蝠可以从容地吸附在野马身上，直到吸饱才满意而去。野马往往是在暴怒、狂奔、流血中无奈地死去。

动物学家们百思不得其解，小小的吸血蝙蝠怎么会让庞大的野马毙命呢？于是，他们进行了一次实验，观察野马死亡的整个过程。结果发现，吸血蝙蝠所吸的血量是微不足道的，远远不会使野马毙命。动物学家们在分析这一问题时，一致认为野马的死亡是它暴躁的习性和狂奔所致，而不是因为蝙蝠吸血。

一个心智成熟的人，必定能控制住自己所有的情绪与行为，不会像野马那样为一点小事抓狂。当你在镜子前仔细地审视自己时，你会发现自己既是你的最好朋友，也是你的最大敌人。特别是你要控制别人之前，一定要先控制住自己。如果你不能征服自己，更别谈能制服别人。

1809 年 1 月，拿破仑从西班牙战事中抽出身来匆忙赶回巴黎。他的

间谍告诉他外交大臣塔里兰密谋造反。一抵达巴黎，他就立刻召集所有大臣开会。他坐立不安，含沙射影地点明塔里兰兰的密谋，但塔里兰却没有丝毫反应，这时候，拿破仑无法控制自己的情绪，忽然逼近塔里说："有些大臣希望我死掉！"但塔里兰依然不动声色，只是满脸疑惑地看着他。拿破仑终于忍无可忍了，他对着塔里兰粗鲁地喊道："我赏赐你无数的财富，给你最高的荣誉，而你竟然如此伤害我，你这个忘恩负义的东西！你什么都不是，只不过是穿着丝袜的一只狗。"说完他转身离去了。其他大臣面面相觑，他们从来没有见过拿破仑如此失态。

塔里兰依然一副泰然自若的样子，他慢慢地站起来，转过身对其他大臣说："真遗憾，各位绅士，如此伟大的人物竟然这样没礼貌。"

皇帝的失态和塔里兰的镇静自若像瘟疫一样在人们中间传播开来，拿破仑的威望降低了。

伟大的皇帝在压力下失去冷静，人们开始感觉到他已经走下坡路了，如同塔里兰事后预言："这是结束的开端。"

塔里兰激起了拿破仑的怒气，让拿破仑的情绪失控，这正是他的目的。人人都知道拿破仑是一个容易发怒的人，他已经失去了作为一个领导的权威，这种负面效果影响了人民对他的支持。面对大臣企图发动阴谋这样的事，焦躁和不安只能起到相反的作用，这说明他已经失去了主宰大局的绝对权力。

其实，在这种情况下，拿破仑如果采用不同的做法，结果便会大相径庭。他首先应该思考：他们为什么会反对自己？他也可以私下探听，从手下的兵身上了解自己的缺陷，更可以试着争取他们回心转意支持他，甚至干脆除掉他们，将他们下狱或处死，杀一儆百。这不仅是一种理智的行动，更是作为一个皇帝对于自己和整个国家的责任。

贝多芬曾说过：几只苍蝇咬几口，绝不能羁留一匹英勇的奔马。每一位优秀人物的身旁总会萦绕着各种纷扰，对它们保持沉默要比寻根究底明智得多。我们应当保持一种温和平静的心态，从容地面对那些纷扰。

每个人的工作中，都难免有不如意之事，有时是因为众多烦琐事务缠身，有时也可能是他人的不合理举动让你震怒，有时是因为与同事或领导一时之间的误解。这种情绪虽然可以理解，但是万万不可陷入此种情绪之中。

情绪是可以调适的，只要你操纵好情绪的转换器，就能让自己常常有好情绪，保持阳光状态。下面的方法可以供你参考：

1. 制怒。在你情绪即将爆发的时候，先忍耐一下，想想你的情绪爆发后会带来的影响以及这种影响对你是不是有利，是不是对周围的人有帮助。俗话说"三思而后行"就是这个道理。

2. 宣泄。情绪不能憋在心里憋得太久，否则对身体不利，因此我们要学会宣泄。但要注意一点，就是自己在宣泄情绪的时候，不能给周围的人带来影响。比如说我们不高兴的时候可以做做运动，听听音乐，或者是看看电影，和朋友聊聊天，只要有助于自己的情绪好转，又不影响他人，就可以考虑。

3. 代偿转移。自己的一个欲望得不到满足的时候，可以尝试用满足另一个欲望来调节自己的心情。说不定在满足了另一个欲望之后，你就会忘了当初你想要的是什么了。

4. 放松。心情不好的时候，可以让自己放松一下，不仅是身体放松，心灵更要放松，最好能使自己进入一种安静状态，这样就可以很快地消除不良情绪。

5. 升华。把对生活的不满情绪转变成一种工作的动力，用这种动力来改变现有的生活状态。

6. 镇静。人生最不能缺少的技能之一就是要学会镇静，当我们在受到惊吓或者是受到意外打击之后，第一要紧的事情就是镇静，只有等自己镇静下来以后，才能思考对策。

不环顾别人的道德堕落，只是沿着正直的道路前进

> 不去探究他的邻人说什么、做什么或想什么，而只注意他自己所做的、公正和纯洁的事情的人，或者像厄加刺翁所说，不环顾别人的道德堕落，而只是沿着正直的道路前进的人，为自己免去了多少烦恼啊！

马可·奥勒留认为："不管任何人做什么或说什么，我必须还是善的，正像黄金、绿宝石或紫袍总是这样说：无论一个人做什么或说什么，我一定还是绿宝石，保持着我的色彩。无论周围的人怎样，我都要沿着正直的道路前进。"

赵燕是某公司的业务部主管，在他刚毕业才进公司的时候，他发现：很多事情，并不是你努力了就能成功，有时候，自己努力不如拉关系成功得快。很多同事都在背地里拉关系，请经理吃饭唱歌，而对于工作却马马虎虎应付了事。这让正直的赵燕有种很悲哀的感觉。但是，天生的正直与责任使他并没有跟着别人靠拉关系混日子，他很明白：自己不是进公司来养老的，自己的才华必须得到充分的发挥，才不枉费十多年来的寒窗苦读。剑，埋在土里太久就会生锈坏掉，再也无法发出锐利的光芒。

于是，他不再环顾别人的堕落，不再怨天尤人、愤愤不平，而是专心地做好自己的工作，无论是跑业务还是连续出差，他从来都是心无杂念、全力以赴，即使是别人不愿意接受的棘手问题，他也咬牙接下并负

责到底。

长年累月在外面跑业务，使赵燕的皮肤具有了古天乐式的健康之美，也因此获得了"小黑"的戏称。但赵燕并不后悔，因为经过这些年的锻炼，他的能力比别人强，挣的钱比别人多。当其他曾经跟他在统一起跑线上的同事还在原地踏步的时候，他已经成了公司不可或缺的王牌。领导也并未因为他没有刻意拉关系而冷落他，反而更加重视他，毕竟，现代企业最终还是得靠业绩吃饭的。

所以，无论环境有多复杂，即使别人道德堕落，即使别人都在使用不正当的竞争手段，你仍然要明白：干好本职工作才是最基本的生存发展之道。任何东西都可能被夺走，唯有能力和才华是没人能夺走的。保持正直的本性，做一枝出淤泥而不染的清莲，把自己磨砺成一颗耀眼的珍珠，到哪里都有市场，到哪里都不会被埋没。

行 动 方 案

上帝让他灭亡，必先让他疯狂！正直如山，只有保持正直的本性才能避免堕落的诱惑。无论风吹雨打，我们都屹立不倒。工作就像练武，没有扎实过硬的基本功，没有健康的体魄，所有的招数都只能是花拳绣腿，保护不了自己，成不了气候。远离办公室政治，远离复杂的人际关系，我们不靠阴谋诡计，也不靠关系后台，我们就靠自己理直气壮地生存。如果做销售，就苦练销售能力，卖出更多的产品；如果做人力资源，就慧眼挑选千里马，做好优质人才的招聘与维系工作；如果做技术开发，就要肯钻研，开发出更先进的技术……

高尚是高尚者的通行证，强者自有强者的成功之道，保持一颗正直的心，只有做到最好最强才能永远有路。

远离奢侈的简朴生活方式

从我的母亲,我濡染了远离奢侈的简朴生活方式。我的父亲带给我这样的知识,即懂得一个人是可以住在一个不需要卫兵、华衣美食、火把和雕像等东西的宫殿里的。

在现代化的繁华世界里,奢侈的生活方式总是被人津津乐道的话题,我们总觉得开着奔驰宝马,坐拥千万资产是人生最大的幸福。但是当我们在拼命追逐和享有越来越奢侈的物质资源的同时,是否发现:自己已经莫名地卷入一张张错综的网中,纠缠不清。我们也越来越不容易快乐了。或许,我们所关注的东西太多太复杂了。

几年前,吴淡如到了老挝,那时的老挝还是一个尚未对外开放的国家。虽然农作物丰盛,但由于地处内陆,交通不便,现代民生物资依然非常缺乏。当吴淡如经过一个人烟稀少、开满莲花的小湖边时,他看到了一幅令他终生难忘的景象:六个穷人家的孩子正光着身子很有节拍地嗨哟嗨哟地在小湖中划船。尽管所谓的船只是简陋的竹筏子,但是他们笑得非常开心。

他们没有玩具熊,也没有网络游戏玩,他们甚至没有一件好衣服,可是,他们的笑容那么灿烂,那么自然,那么纯净,这对于我们来说是否已经是一个很遥远的记忆?我们是否发现自己已经在物质化的石头森林里迷失了好久?也许,当我们淹没于现代的浮华与奢侈的时候,我们的生活就会变得冗繁复杂、疲惫不堪。我们必须做着复杂劳累的工作,但这跟简单的生活方式并不矛盾。工作已经够累的了，下班回到家里为什么还要追逐那么繁重的生活，为什么不简朴一点、简单一点，给白日工作操劳、精力透支的身心一个休整的空间？

远离奢侈的简朴生活并不等于简陋，而是一种不被浮杂物质束缚的自由生活，是一种时尚轻松不麻烦的生活，是朴素、充满灵性的、有目的的生活，保证有时间做自己想做的事，对自身、对环境保持真实。

事实上，很多成功的人士都在过着简单的生活，因为他们需要把更多的时间用在工作上，抛却那些复杂无谓的事情来从事他们更喜欢、更值得奋斗的事业。例如拥有万贯家财的富豪李嘉诚先生，据说他的午餐也只是在写字楼里吃炒粉青菜汤，并且觉得这种生活是一种幸福。也许，正因为懂得了简朴，他们学会了如何去生活。

再比如时下正在兴起的NONO族，他们特立独行，追求简单而不失品位的生活，拒绝浮华、造作和卖弄，追求远离奢侈的、舒适和简约的生活。他们拒绝穿名牌的衣服，因为在他们的字典里，有钱与有品位是两回事，浑身名牌、挂满珠宝、招摇过市的富人是他们最不屑的一种人。靠名牌来显示自己的社会地位恰恰是一种没有身份而需要外物增加底气的自卑表现。

他们更重视的是内在的品位与涵养，他们是精神上的贵族，他们不需要通过追求生活上庸俗的奢侈来炫耀、浮夸自己，他们追求最本质的生活，他们最懂得如何让不堪工作重压的心灵得到彻底的放松。

简朴的生活是一种更高品质的生活，它符合心灵深处最基本的渴求——一个更宁静、更温柔、更甜美、更祥和的世界。随着生活节奏的不断加快，我们有必要善待自己，有必要把我们的生活安排得健康纯净、简朴有序。

行 动 方 案

当你拥有了一部好车，你就会开始为它操心，需要为它做各种保养，担心它会被撞到或者被盗；当你穿上几套高级衣服的时候，你就要随时记得区分哪套是不能水洗需要干洗的，需要定期熨烫它们，需要搭配好与之相匹配的衬衣和皮鞋，还要时刻注意走路的姿势和形象……很显然，这些奢侈，会给自己的生活带来更多的麻烦与不便，变成心灵沉重的负担。每增加一份奢侈，无异于给自己多套上一个枷锁，自己也就失去了自由。从奢侈走向简朴的过程，就是逐渐回归舒适与自由的过程。

　　放下那些奢侈的枷锁吧，让简朴的生活为自己的工作和事业留出些许辽阔的空间，让自由的翅膀摆脱一切世俗的束缚展翅高飞吧。

我们必须抓紧时间

> 我们必须抓紧时间,这不仅是因为我们在一天天地接近死亡,而且因为对事物的观照和理解力将先行消失。

子在川上曰:"逝者如斯夫,不舍昼夜。"时间转瞬即逝,我们的生命每日每时都在耗费,剩下的部分越来越少,我们的理解能力和领悟能力也会随着年龄的增长一步步走向衰退。

因此,当我们在耗费大把大把的青春的时候,这些青春只是被我们浪费的记忆。当我们洋洋自得地坐在那里慢悠悠地钓鱼的时候,时间也在吞噬我们的生命。快鱼吃慢鱼,很多时候,不抓紧时间将会付出巨大的代价。

在滑铁卢战场上,拿破仑与英军展开了激烈的战斗,双方损失都很惨重,一时难以决定胜负。在这种情况下,只要不远处负责追击普鲁士军队的格鲁希元帅带领部队过来支援一下,拿破仑必将大获全胜。但是这位手中统制着1/3的军队的元帅却在不停的犹豫当中让时间一分一秒地流逝。

隆隆的炮声从远方传来。副司令热拉尔急切地请求立即向开炮的方向前进,几个军官甚至已经辨别出开炮的方向。几乎所有的人都明显地感觉到拿破仑急需增援。将士们心急如焚地仰望着他,等待他赶紧下命令。而此时溃不成军的拿破仑也在绝望地叩问苍天:"格鲁希在哪里,他究竟待在什么地方?"

但是，此时，这位忠心耿耿、循规蹈矩的格鲁希元帅依然在"考虑考虑"中让决定胜败最关键的时间最终消失得一干二净。这段最宝贵的时间决定了他的命运、拿破仑的命运、未来法兰西的命运和整个欧洲的命运。天才的拿破仑被敌人流放到了厄尔巴岛，英雄创造的奇迹最终以悲怆的悲剧收场。

一瞬决定一生，平淡的时光犹如暗夜长彻，唯有那决定性的一瞬，才能像闪电撕破夜幕，照亮无边的黑暗。当这一瞬来临的时候，如果你没有抓紧时间好好把握住，你的生命终将永远沉寂，永远无法像流星划过天际那样明亮璀璨。而在工作中你总是慢吞吞拖拉懒散的话，你失去的将不仅仅是机遇，还会是你赖以生存的饭碗。因为没有一个老板会喜欢一个磨磨蹭蹭、出不了结果的员工，要在职场丛林中生存下来，你不仅要跑得比其他同事快，还要跑得比时间快。

行动方案

朱自清的《匆匆》是这样写的："洗手的时候，日子从水盆里过去；吃饭的时候，日子从饭碗里过去；默默时，便从凝然的双眼前过去。我觉察他去的匆匆了，伸出手遮挽时，他又从遮挽着的手边过去。天黑时，我躺在床上，他便伶伶俐俐地从我身上跨过，从我脚边飞去了。等我睁开眼和太阳再见，这算又溜走了一日。我掩着面叹息。但是新来的日子的影儿又开始在叹息里闪过了。"时间总是那么无情地溜走，我们必须要努力抓紧时间，做好时间管理。

1. 把握时机。机不可失，时不再来，抓紧时间，一定要快速行动起来。

2. 合理安排好自己的时间。时间管理很重要，很多员工非常辛苦，每天早出晚归，疲于奔命，但如果加以认真研究，仍可发现，许多工作是在白白浪费时间。结果，大事抓不了，小事也抓不到。企业人应有自己的时间安排，抓住关键，掌握重点。

3. 用好零碎的时间。抓紧时间就是要善用时间。鲁迅在谈起自己的成就时说，哪里有天才，我只是把别人喝咖啡的工夫用在了工作上。把零碎时间用来从事零碎的工作，是一种最大限度地提高工作效率的重要方法。比如在等车时、在排队时、在车上时，我们都可以利用时间思考规划我们的工作。尽管利用零碎时间期内没有什么明显的感觉，但日积月累，将会产生惊人的效果。

4. 利用"神奇的3小时"。被人们称为时间管理大师的哈林·史密斯曾经提出过"神奇3小时"的概念，他鼓励人们自觉地早睡早起，每天早上5点起床，这样可以比别人更早展开新的一天，在时间上就能跑在别人的前面。利用每天早上5~8点的"神奇的3小时"，你可不受任何干扰地做一些自己想做的事。每天早起3小时就是在与时间竞争，养成早起的习惯，以后你会受益无穷。

5. 在更少的时间内做更多的事。人们不论干什么事情，都要讲求效率，效率高者，事半功倍；反之，则事倍功半。哈林·史密斯认为提高时间利用率，让时间增效是做好时间管理的重要方法。"工作中，经过不断的失败，我逐步的发现，如何在同样的时间内做更多的事情，这是值得每一位希望有效管理时间的人认真思考的问题，因为只有这样才能使自己获得更多的时间，也才能遇上更多的机遇。"

第五章
宁静是最佳的职业心境

宁静不过是心灵的井然有序

我坚持认为：宁静不过是心灵的井然有序。那么你不断地使自己做这种隐退吧，更新你自己吧，让你的原则简单而又基本，这样，一旦你要诉诸它们，它们就足以完全地净化心灵，使你排除所有的不满而重返家园。

一位在外企供职的银行职员曾经在自己的日记中写道："我们总是处于人群之中，在喧闹的人群中听不见自己的脚步声。我们总是被家人、朋友围绕着，耳边充斥着噪音、喧哗，忍受着繁忙工作、家庭琐事的无穷折磨。我们每天的神经都绷得紧紧的，得不到一丝喘息的机会。"生活中，有千千万万个像这位职员一样忙于工作而无暇自顾的人。在这种时候，我们就应该考虑是否该独处一段时间了。

不是吗？心灵的房子里如此杂乱无章，人又怎么会感到充实、自由、幸福的快乐呢？工作本是实现人生意义的过程，可是由于人们大多数时候没有处理好工作与生活的关系，没有管理好自己各种不安的情绪，更为糟糕的是，多数时候，我们把诸多问题都归罪于工作，而没有发自内心地反思自己。

约翰是一家大型航空公司的经理。一次偶然的邂逅让他学会了一种"坐在阳光下"的艺术，这让他第一次在忙碌的生活中找回宁静的心境。下面是他对这段宝贵体验的回顾：在一个二月的早晨，我正匆匆忙忙走在加州一家旅馆的长廊上，手上满抱着刚从公司总部转来的信件。我是来加州度寒假的,但是仍无法逃脱我的工作,还是得一早处理信件,我为此感到十分懊恼。

然而当我快步走过去,准备花两个小时来处理我的信件时,一位久违的朋友坐在摇椅上,帽子盖住他部分眼睛,把我从匆忙中叫住,用他缓慢而愉悦的南方腔说道:"你要赶到哪儿去啊,约翰?在这样美好的阳光下,那样赶来赶去是不行的。过来,好好'嵌'在摇椅里,和我一起练习一项最伟大的艺术。"

这话听得我一头雾水,问道:"和你一起练习一项最伟大的艺术?"

"对,"他答道,"一项逐渐没落的艺术。现在已经很少人知道怎么做了。"

"噢,"我问道,"请你告诉我那是什么。我没有看到你在练习什么艺术啊!"

"有!我有!"他说道,"我正在练习'只是坐在阳光下'的艺术。坐在这里,让阳光洒在你的脸上。感觉很温暖,闻起来很舒服。你会觉得内心很平静。你曾经想过太阳吗?"他问道。"太阳从来不会匆匆忙忙,不会太兴奋,它只是缓慢地恪尽职守,也不会发出嘈杂声——不按任何钮,不接任何电话,不摇任何铃,只是一直洒下阳光,而太阳在一刹那间所做的工作比你加上我一辈子所做的事还要多。想想看它做了什么。它使花儿开花,使大树生长,使五谷成熟。"他接着说道,"我发现当我坐在阳光下,让太阳在我身上作用时,它洒在我身上的光线给了我能量。这是我花时间坐在阳光下的赏赐。所以请你把那些信件都丢到角落去,跟我一起坐到这里来。"

我照做了。当我后来回到我房间去处理那些信件时,我几乎一下子就完成了工作。这使得我还留有大部分时间来做度假的活动,也可以常"坐在阳光下"放松自己。

缓解压力的一个重要秘诀就是保持内心的平静。当我们疲惫地工作了一段时间后,不妨也练习一下这种"坐在阳光下"的放松艺术,为自己的心灵腾出一个安静的空间,让自己体验一下轻松闲适的生活。

行·动·方·案

每天当我们工作得太疲倦，面对生活感到压力重重时，可以观察一下我们喜欢的植物、动物，思考一下自己感兴趣的问题或者只是站在窗口忘记所有的工作，卸下所有的压力和束缚，看看蓝天白云……

或者找一天静静地思考一下，从混乱无常的感觉中解放出来，让头脑得到彻底的净化，这样我们才能够更加精神抖擞地面对生活。

守护自己的心灵，如果你成天为外部世界的嘈杂所系，那就让心灵落入了陷阱。不要让过于烦乱的生活目标干扰你的灵魂，要让心灵宁静。每天都要体察内心，自我检查，自我反省，探索自己内心一个重要的好处就是能够净化各种思绪充斥的心灵。

懂得感恩的人更容易看到和珍惜眼前的幸福

我感谢神明给了我这样一个兄弟，他能以他的道德品格使我警醒，同时又以他的尊重和柔情使我愉悦；感谢神明使我的孩子既不愚笨又不残废，使我并不熟谙修辞、诗歌和别的学问，假如我看到自己在这些方面取得进展的话，本来有可能完全沉醉于其中的；我感谢神明使我迅速地给予了那些培养我的人以他们看来愿意有的荣誉，而没有延宕他们曾对我寄予的愿我以后这样做的期望（因为他们那时还是年轻的）；我感谢神明使我认识了阿珀洛尼厄斯、拉斯蒂克斯、马克西默斯，这使我对按照自然生活，对那种依赖神灵及他们的恩赐、帮助和灵感而过的生活得到了清晰而巩固的印象……

从上面这段话里，我们可以清晰地感觉到马可·奥勒留那颗谦卑而自足的感恩之心。他看到自己的幸福并小心翼翼地珍惜着。当我们一直在心里唱着"幸福在哪里"的时候，我们是否发现，其实幸福就来自于我们懂得感恩的内心，机会也来自于我们那颗感恩的心。

史蒂文斯曾经在一家公司做了8年的程序员工作，但是正当他工作得心应手时，公司却倒闭了。此时他的第三个儿子刚刚降生，作为丈夫和父亲，他不得不为生计重新找工作。一个月过去了，他屡屡碰壁。

后来，有一家软件公司刚好招聘程序员，待遇也相当不错，史蒂文斯凭着过硬的专业知识轻松地过了笔试关,然而却在面试中遭到淘汰,因为他对于面试时考官提出的关于软件未来发展方向方面的问题并未做过深入思考。

史蒂文斯觉得这家公司对软件产业的理解,令他耳目一新,深受启发,于是给公司写了一封感谢信。"贵公司花费人力、物力,为我提供笔试、面试机会,虽然落聘,但通过应聘使我大长见识,获益匪浅。感谢你们为之付出的劳动,谢谢!"这封信后来被送到总裁手中。3个月后,这家公司出现职位空缺,史蒂文斯收到了录用通知书。

这家公司就是美国微软公司。十几年后,凭着出色的业绩,史蒂文斯成了微软公司的副总裁。

感恩是来自于内心深处的感激。当一个人经历了苦难与落魄的时候往往更容易心怀感恩之情,更懂得滴水之恩的深刻内涵。史蒂文斯在经历了失败之后对微软公司给他传递的关于对软件产业未来的理解依然存有感恩之心,那我们在经历了激烈的就业竞争走上工作岗位之后为什么不好好珍惜这份来之不易的工作呢?

感恩不是口号,更不是矫情,而是对现在所拥有的幸福的敬畏与珍惜。怀着感恩的心工作,怀着感恩的心对待工作,怀着感恩的心对待领导与同事,你会发现:幸福其实已经握在你的手中。

行动方案

一位成功人士在他的个人传记中这样总结他的感恩哲学:

1. 对人感恩。相逢是500年修来的福分,大家应当互相支持、互相合作,只有如此,才能成为受欢迎的人。

2. 对事感恩。善感恩的人会感谢公司提供一个让他学习成长的机会,多做事、多学习,不怕事多,不怕事烦,不拒事、不惹事,事事追求尽善尽美。

3. 对物感恩。感恩的人爱物惜物,物物都需成本,件件都需费用,当思来之不易,不奢侈、不浪费,物尽其用。

剪除心灵深处那些让人烦恼不安的欲望

如果这目的是好的,你将不追求任何别的东西。你还要重视许多别的东西吗?那么你将不会自由,对于你自己的幸福不会知足,不会摆脱激情。因为这样你必然会是嫉妒的、吝惜的、猜疑那些能夺走这些东西的人,策划反对那些拥有你所重视的东西的人。想要这样一些东西的人必定会完全处在一种烦恼不安的状态,此外,他一定会常常抱怨神灵。而尊重和赞颂你自己的心灵将使你满足于自身,与社会保持和谐,与神灵保持一致,亦即,赞颂所有他们给予和命令的东西。

在这个世界上真正值得尊重的事情并不是那种无价值的所谓名声,而是根据自己自身恰当的结构推动自己,即,使自己不屈服于身体的引诱,不被感官压倒,与社会和谐,只做自己应该做的事情,而不追求其他多余的东西,即不让欲望增加心灵的烦恼和不安。

太多的欲望将会使人失去心灵上的自由,成为心灵的负累,如果再任由它如野草般疯长的话,必定会把原本清净与安宁的空间全部挤占,让自己变成纯粹的欲望动物,陷入越来越多的烦恼与不安之中。只有随时修剪,才能让你的身心保持健康与愉悦。

在曼谷西郊有一座寺院,因为地处偏远,香火一直不旺。后来,这里来了一位叫做索提那克的新住持。这位住持很奇怪,刚到寺院就开始修剪寺院周围那些杂乱无章、恣肆张扬的灌木。其他僧侣不知住持意欲何为,住持却笑而不答。

一天,有一位富翁路过此地,遇到汽车抛锚事故,他在司机修车的时候进入了寺院,住持接待了他。喝完茶之后,住持陪富翁四处转悠。行走间,富翁向住持请教了一个问题:"人怎样才能清除掉自己的欲望?"

索提那克微微一笑,拿了一把剪刀给他:"只要你能经常反复修剪这些树,你的欲望就会消除。"

富翁果真开始修剪灌木,一炷香的时间过去了,住持问他感觉如何。富翁笑笑说:"感觉身体倒是舒展轻松了许多,可是平日堵在心头的那些欲望好像并没有放下。"

法师说:"经常修剪就好了。"

之后,富翁每隔一段时间就来寺院修剪灌木。直至把灌木修剪成了一只大鸟的形状,住持问他:"现在你是否懂得如何消除欲望了?"富翁面带愧色地回答说:"可能是我太愚钝,虽然每次修剪的时候都能气定神闲,了无挂碍。但是回到我的生活圈子之后,我的所有欲望依然会不断膨胀。"

住持对他说:"施主,其实我建议你来修剪灌木只是希望你每次修剪前,都能发现原来剪去的部分又会重新长出来。这就像我们的欲望,不可能完全把它消除,我们能做的,就是尽力把它修剪得更美观。放任欲望,就会像这满坡疯长的灌木一样丑恶不堪。只有经常修剪,才能使它们成为一道悦目的风景。对于名利,只要取之有道,用之有度,利己惠人,它就不应该被看做是心灵的枷锁。"

富翁大悟。此后,越来越多的香客开始来到这里修剪"欲望",寺院周围的那些灌木也越来越美丽壮观。

行动方案

　　人生事业是在欲望中发展的，欲望是人的另一种动力。但是物极必反，过多的欲望只会导致无休止的烦恼。因为人心不足蛇吞象，人的欲望是无止境的，过多的欲望很容易把人引向另外一个疯狂的极端：为了满足欲望在不知不觉中迷失自我，为了满足欲望不择手段，出手就穷凶极恶，现身就面目狰狞，最终扭曲了自我，走上了堕落的不归路。

　　欲望如树，合适的欲望是合理的。但是对于诸如名欲、利欲、色欲、权欲等歪枝斜杈，还是需要我们用智慧的剪刀把它们一一修剪。剪去狂躁，才能冷静处事；剪去虚浮，才会脚踏实地地安心工作；剪去过多的贪欲，才能得到灵魂的自由，在才华的国度里挥洒自如；剪去委琐，才能走向高尚，让别人尊重自己……剪去这些杂乱的枝干，才能拥有一颗"看庭前花开花落，望天空云卷云舒"的平常心，心态平和静如云，轻看名利淡如菊，正直为人挺如竹，笑对坎坷韧如藤，坚韧而乐观的生存着，豁达而愉快地工作着。

满足而宁静地利用障碍来训练自己的德行

> 如果有什么人强力挡你的路,那么使自己进入满足和宁静,同时利用这些障碍来训练别的德性。

人们在获得成功的道路上,会遭遇挫折,会遭逢困难和艰辛,但障碍的存在,也正是鉴别弱者和强者的最佳机会。磨难只能吓住那些性格软弱的人。对于真正坚强的人来说,任何磨难都难以迫使他就范。相反,这些磨难越多、对手越强,他们的自我提升就越快。

巴尔扎克说过:"世界上的事情永远不是绝对的,结果因人而异。苦难对于天才是一块垫脚石,对于能干的人是一笔财富,对弱者是一个万丈深渊。"

在生活和工作的过程中遭受挫折、经受考验是很正常的事情,像朋友的背叛、家人的不理解,等等,所有这些,我们都可能会遇到。每当我们遇到这些挫折的时候,都应该扪心自问:我所遇到的这一切,与丧失听力的音乐家贝多芬、失去光明的作家米尔顿他们相比,又算得了什么呢?

现今,日本国民中广为传颂着一个动人的小故事:许多年前,一个妙龄少女来到东京帝国酒店当服务员。这是她涉世之初的第一份工作,也就是说她将在这里正式步入社会,迈出她人生的第一步。因此她很激动,暗下决心:一定要好好干!她想不到:上司安排她洗厕所!洗厕所,实话实说没人爱干,何况她从未干过粗重的活儿,细皮嫩肉,喜爱洁净,干得了吗?洗厕所时在视觉上、嗅觉上以及体力上都会使她难以承受,心理暗示的作用更是使她忍受不了。当她用自己白皙细嫩的手拿着抹布伸向马桶时,胃里立马"造反",翻江倒海,恶心得几乎呕吐,却又吐不出来,太难受了。而上司对她的工作质量要求特高,高得骇人:必须把马桶抹洗得光洁如新!

她当然明白"光洁如新"的含义是什么,她更知道自己不适应洗厕所这一工作,真的难以实现"光洁如新"这一高标准的质量要求。因此,她陷入困惑、苦恼之中,也哭过鼻子。

这时,她面临着人生第一步怎样走下去的抉择:是继续干下去,还是另谋职业?继续干下去——太难了!另谋职业——知难而退?人生之路岂有退堂鼓可打?她不甘心就这样败下阵来,因为她想起了自己初来时曾下过的决心:人生第一步一定要走好,马虎不得!正在这关键时刻,同单位一位前辈及时地出现在她面前,他帮她摆脱了困惑、苦恼,帮她迈好这人生第一步,更重要的是帮她认清了人生路应该如何走。但他并没有用空洞的理论去说教,只是亲自做个样子给她看了一遍。

首先,他一遍遍地抹洗着马桶,直到抹洗得光洁如新。然后,他从马桶里盛了一杯水,一饮而尽!竟然毫不勉强。实际行动胜过千言万语,他不用一言一语就告诉了少女一个极为朴素、极为简单的真理:光洁如新,要点在于"新",新则不脏,因为不会有人认为新马桶脏,也因为马桶中的水是不脏的,是可以喝的;反过来讲,只有马桶中的水达到可以喝的洁净程度,才算是把马桶抹洗得"光洁如新"了,而这一点已被证明可以办到。同时,他送给她一个含蓄的、富有深意的微笑,送给她一束关注的、鼓励的目光。这已经够用了,因为她早已激动得几乎不能自持,从身体到灵魂都在震颤。她目瞪口呆,热泪盈眶,恍然大悟!她痛下决心:"就算一生洗厕所,也要做一名洗厕所最出色的人!"从此,她成为一个全新的、振奋的人;从此,她的工作质量达到了那位前辈的高水平,当然她也多次喝过厕水,为了检验自己的自信心,为了证实自己的工作质量,也为了强化自己的敬业心。从此,她很漂亮地迈好了人生的第一步；从此，她踏上了成功之路，开始了她不断走向成功的人生历程。

几十年光阴一瞬而过，她终于成为日本政府的主要官员——邮政大臣，她的名字叫野田圣子。

野田圣子坚定不移的人生信念，表现为她强烈的敬业心：就算一生洗厕所，也要做一名洗厕所最出色的人。这一点就是她成功的并不神秘的奥秘之所在；这一点使她几十年来一直奋进在成功路上；这一点使她拥有了成功的人生，使她成为幸运的成功者、成功的幸运者。孟子说过："故天将降大任于斯人也，必先苦其心志，劳其筋骨……"

种子深埋在泥土之中，泥土既是它发芽的障碍，更是它生长的基础和源泉。瀑布迈着勇敢的步伐，在悬崖峭壁前毫不退缩，因山崖的阻拦造就了它生命的壮观。挫折是成功的前奏，挫折是成功的磨刀石。因挫折而一蹶不振的人，是生活的弱者；视挫折为人生财富的人，才会获得成功的桂冠。

行动方案

1. 把每一个障碍都当成一次自我提升的机遇。面对困难，你首先要问的是，这是不是一项挑战，自己是不是要积聚起更大的勇气，更加精力充沛地去迎接挑战，自己能从中学到什么新的知识，积累什么新的经验。

2. 永远不要对别人妄加揣测，更不要对分配给自己的高难度任务妄自菲薄。如果因此而丧失工作热情，就会坐失学习和提高的机会，流失让自己更加强大的土壤。

3. 无论何时，认清自己的使命，勇于负责，在公司和老板需要的时候挺身而出，承担起重任，那么随着工作中一个个艰难任务的完成，你也必定能够一步步地接近成功。

4. 不管有多么艰难，主动做好自己手头的每一份工作，积极找方法，而非消极找借口。不断在工作中获得成长，机遇才能够更快地降临到你身上。

在任何环境和疾病里欢愉如常

> 从阿珀洛尼厄斯,我懂得了意志的自由,懂得了在失子和久病的剧烈痛苦中镇定如常。
>
> 从马克西莫斯,我学会了在任何环境里和疾病中欢愉如常。

人是感情动物,所以不时会有喜怒哀乐等情绪,这本是人生快乐多彩的一个表现,但是,如果人过度地为了各种境遇痛苦、悲伤,也会伤害到自身。其实,正如《沉思录》中所说:"节制是理性动物的德性。"在现实生活中,不仅使用金钱、追逐权力、自身的欲望等需要节制外,痛苦又何尝不是如此?节制痛苦,也是人的德性之一,在任何环境和疾病中欢愉如常,这的确是一种值得学习的品质。

如果一个人在46岁的时候,在一次很惨的机车意外事故中被烧得不成人形,4年后又在一次坠机事故后腰中部以下全部瘫痪,他会怎么办?

接下来,我们能想象他变成百万富翁、受人爱戴的公共演说家、春风得意的新郎官及成功的企业家吗?我们能想象他会去泛舟、玩跳伞、在政坛角逐一席之地吗?

这一切,米歇尔全做到了,甚至有过之而无不及。在经历了两次可怕的意外事故后,他的脸因植皮而变成了一块彩色板,手指没有了,双腿如此细小,无法行动,只能瘫痪在轮椅上。

那次机车意外事故，把他身上65%以上的皮肤都烧坏了，为此他动了16次手术。手术后，他无法拿起叉子，无法拨电话，也无法一个人上厕所，但以前曾是海军陆战队队员的米歇尔从不认为他被打败了。他说："我完全可以掌控我自己的人生之船，那是我的浮沉，我可以选择把目前的状况看成倒退或是一个新起点。"6个月之后，他又能开飞机了！

米歇尔为自己在科罗拉多州买了一幢维多利亚式的房子，另外也买了房地产、一架飞机及一家酒吧，后来他和两个朋友合资开了一家公司，专门生产以木材为燃料的炉子，这家公司后来变成佛蒙特州第二大的私人公司。

机车意外事故发生4年后，米歇尔所开的飞机在起飞时又摔回跑道，把他胸部的十二条脊椎骨全压得粉碎，腰部以下永远瘫痪！

米歇尔仍不屈不挠，日夜努力使自己能达到最高限度的自主。他被选为科罗拉多州孤峰顶镇的镇长，保护小镇的美景及环境，使之不因矿产的开采而遭受破坏。米歇尔后来也竞选国会议员，他用一句"不只是另一张小白脸"的口号，将自己难看的脸转化成一项有利的资产。

尽管刚开始面貌骇人、行动不便，米歇尔却开始泛舟，他坠入爱河且完成终身大事，他拿到了公共行政硕士，并持续他的飞行活动、环保运动及公共演说。

米歇尔坦然面对自己的失意的态度使他赢得了人们的普遍尊敬，同时他也成了《纽约时报》、《时代周刊》等知名媒体的封面人物。

米歇尔说："我瘫痪之前可以做1万件事，现在我只能做9000件，我可以把注意力放在我无法再做的1000件事上，或是把目光放在我还能的9000件事上。告诉大家，我的人生曾遭受过两次重大的挫折，而我不能把挫折拿来当成放弃努力的借口。或许你们可以用一个新的角度，来看待一些一直让你们裹足不前的经历。你可以退一步，想开一点，然后，你就有机会说：'或许那也没什么大不了的！'"

月有阴晴圆缺，人生也是如此。情场失意、朋友失和、亲人反目、工作不如意……类似的事情总会不经意地纠缠你,此时你的情绪可能已经跌至低谷。其实,生活中的低谷就像是行走在马路上遇到红灯一样,你不妨以一种平和的心态去坦然面对,你可以把它看做是一段人生必须经历的时期,不妨利用这段时间来做个短暂的休息,放松紧绷的神经,为绿灯时更好地行走打下基础。

在我们的生活中,无论从事何种工作,无论身处什么位置,遇到的问题可能不同,但所面临的压力其实是一样的。漫长的工作生涯中,不分昼夜地加班、工作,碰到困难、获得褒奖、遭遇委屈,甚至是挫折连连,这都是我们要经历的事情,它涉及所有的人,并不是单单指向某一个人,而职场中人不同的反应体现的则是个体的素质。所以,我们应当努力学会,而且是必须学会去适应环境,而不是怨天尤人、沾沾自喜,抑或是垂头丧气。如果我们能够随时保持一颗平常心,做到宠辱不惊、去留随意,我们就能够简简单单地面对自己的生活。

行 动 方 案

1. 顺其自然,不患得患失,把注意力放在工作任务的完成和自我提升上,而非强求许多功利性的目的。把浮躁的心安顿下来,你会更容易取得成功。

2. 对待生命,要有一颗宽容的心。努力地谅解生命安排给你的困境,多感恩,这样就不会总是怨天尤人。而是抱着对自己负责的态度努力进取。

3. 不要太在意别人的看法,有时人们在遇到挫折的时候,自己本来可以接受,但是由于受不了外人指责或嘲讽,才会心理崩溃。每个人都不是为了他人的意见而活着,为了别人不公正或者幸灾乐祸的眼神而心神不宁,就不是聪明人的做法了。

毫无炫耀地接受财富和繁荣，同时又随时准备放弃

> 毫不炫耀地接受财富和繁荣，同时又随时准备放弃。

在现实生活中，名誉、地位、财富常常被作为衡量一个人成功与否的标准，所以在很多人心目中，工作，只是获得名誉、权力、财富的工具。这种观念，常常让人们失却原有的平常心，在荣华富贵、炙手可热的权力和名望面前忘乎所以，而一旦落入人生低谷、穷困潦倒之境，便心灰意冷，认为人生失去了希望。

其实，人生的目的，不在于成名、成家与否，而在于面对现实，努力为之，尽情享受生活，细心体味生活的美好。

19世纪中叶美国有个叫菲尔德的实业家，率领工程人员，要用海底电缆把欧美两个大陆连接起来。为此，他成为美国当时最受尊敬的人，被誉为"两个世界的统一者"。在举行盛大的接通典礼上，刚被接通的电缆传送信号突然中断，人们的欢呼声变为愤怒的狂涛，都骂他是"骗子"、"白痴"。可是菲尔德对于这些只是淡淡地一笑。他不作解释，只管埋头苦干，经过六年的努力，最终通过海底电缆架起了欧美大陆之桥。在庆典会上，他没上贵宾台，只远远地站在人群中观看。

菲尔德不仅是"两个世界的统一者"，而且是一个理性的战胜者。当他遭到厄运时，通过自我心理调节，然后作出正确的选择，从而在实际行为上显示出强烈的意志力和自持力，这就是一种理性的自我完善。

世上有许多事情的确是难以预料的，成功常常与失败相伴。人的一

生，有如簇簇繁花，既有红火耀眼之时，也有暗淡萧条之日。面对荣誉或财富、地位，要像菲尔德那样，不要狂喜，也不要盛气凌人，把功名利禄看轻些、看淡些，这样，面对挫折或失败，也就不会像《儒林外史》里的范进，中了举却没了命。

　　人要有经受成功、战胜失败的精神防线。成功了要时时记住，世上的任何一次成功或荣誉，都依赖周围的其他因素，绝非你一个人的功劳。失败了不要一蹶不振，只要奋斗了，拼搏了，就可以无愧地对自己说："天空不留下我的痕迹，但我已飞过。"这样就会赢得一个广阔的心灵空间，得而不喜，失而不忧，把握自我，超越自己。

行·动·方·案

　　我们必须明白：生命的过程中，一切物质及肉体都是不可靠的奴仆，想让自己的人生得以升华，就必须放下这些本性之外的东西，去追求生活本身的淳朴，这样才能活得惬意，活得洒脱。

　　从社会的需要说，每一种工作都是必需的。只要每个人做好自己的分内工作，维持物质的丰厚，铸造社会的繁荣，他就应该自豪。

　　一个人所具有的价值，只要它确实存在，就绝不会因穿着华服或蓑衣而有所改变，关键在于有自持之态。陶渊明荷锄自种，嵇康树下锻铁，均为贫介之士，但他们的精神却万古流芳。古人曰："达亦不足贵，穷亦不足悲。""人不可以苟富贵，亦不可以徒贫贱。"这对于我们如何生活，的确是足资凭借的箴言。

浮生一梦，淡泊名利

在人的生活中，时间是瞬息即逝的一个点，实体处在流动之中，知觉是迟钝的，整个身体的结构容易分解，灵魂是一涡流，命运之谜不可解，名声并非根据明智的判断。一言以蔽之，属于身体的一切只是一道激流，属于灵魂的只是一个梦幻，生命是一场战争、一个过客的旅居，身后的名声也迅速落入忘川。

浮生一梦，人不过是宇宙中的一个过客，当他离去的时候，身后的名声也随即迅速落入忘川。

马可·奥勒留说："每个人生存的时间都是短暂的，他在地上居住的那个角落是狭小的，最长久的名声死后也是短暂的，甚至这名声也只是被可怜的一代代后人所持续，这些人也将很快死去，他们甚至于不知道自己，更不必说早已死去的人了。"

在现实生活中存活的芸芸众生，整日为了功名利禄杀红了眼睛，为了蝇头小利不惜出卖自己的灵魂，为了纸醉金迷的无尽欲望迷失了自己的本性。他们忘记了生命的意义，忘记了这种殚精竭虑的劳碌奔波的目的。人活一世，草活一秋，无论是贫穷还是富有，为什么不能让自己活得洒脱一些呢？正如唐伯虎《桃花庵歌》中所写的：

桃花坞里桃花庵，桃花庵下桃花仙；

桃花仙人种桃树，又摘桃花换酒钱。
酒醒只在花前坐，酒醉还来花下眠；
半醒半醉日复日，花落花开年复年。
但愿老死花酒间，不愿鞠躬车马前；
车尘马足富者趣，酒盏花枝贫者缘。
若将富贵比贫者，一在平地一在天；
若将贫贱比车马，你得驱驰我得闲。
别人笑我忒疯癫，我笑他人看不穿；
不见五陵豪杰墓，无花无酒锄作田。

唯有淡泊名利才不会为名利所束缚，唯有淡泊才能辽远，唯有淡泊才能自由，也唯有淡泊才能明志。

居里夫妇是著名的科学家，居里夫人曾两次获得诺贝尔奖。但他们生活俭朴、淡泊名利，甚至把别人梦寐以求的各种荣誉奖章视为废物。1902年，居里先生收到了法兰西共和国大学理学院的通知，说他们将向部里提出申请，颁发给他荣誉勋章，以表彰他的卓越贡献，请他务必要接受。可是，居里夫妇商量后，居里先生写了这样一封回信："请代向部长先生，表示我的谢意。并请转告，我对勋章没有丝毫兴趣，我只亟须一个实验室。"

不仅如此，居里夫人还把英国皇家协会授予她的金质奖章拿给女儿玩。她说："就是要让孩子从小知道荣誉这东西，只是玩具而已，只能玩玩，绝不可以太看重它，如果永远守着它，就不会有出息。"

我们在做事的时候就像是在抓沙子，你抓得越紧，它就漏得越快。只有怀着一种平和自然的心态，不纯粹为了名利、金钱等附属品来工作，只为了生命的工作需求来工作，了无牵绊、直奔主题地来工作，才能安心、静心做好手中的每一项工作。

行动方案

　　缤纷的色彩使人眼花瞭乱，变幻的音响使人耳朵发聋，丰腴的美食使人口味败坏，驰骋打猎令人精神疯狂，珍奇财宝令人行为不轨。老子主张少私寡欲以把人从痛苦的深渊中解脱出来。诸葛亮也认为，"非淡泊无以明志，非宁静无以至远"，只有淡泊名利，摆脱名利的枷锁，才能腾出更多的时间和精力放在专心工作上，在名利上无为，在事业上有为。

第五章　宁静是最佳的职业心境

退入自己的心灵更为宁静和更少苦恼

人们寻求隐退自身，他们隐居于乡村茅屋、山林海滨；你也渴望这些事情。但这完全是凡夫俗子的一个标记，因为无论什么时候你要退入自身你都可以这样做。因为一个人退到任何一个地方都不如退入自己的心灵更为宁静和更少苦恼，特别是当他在心里有这种思想的时候，通过考虑它们，他马上进入了完全的宁静。

《沉思录》是一本高贵、忧郁，但却甜美的书。它的高贵源自于作者自身思想的严肃、庄重、纯正和主题的崇高；它的忧郁气息是浑然天成的，一个心灵渴望自由的哲学家却偏偏身为罗马帝国的皇帝，在兵荒马乱、灾难频发的时代里夙兴夜寐地尽力挽救濒于倾倒的百年基业。但这本书里也透露着纯真的甜美，因为作者的内心是宁静的，他那疲惫的灵魂在这里得到了安顿。

作者对自己说："一个人退到任何一个地方都不如退入自己的心灵更为宁静和更少苦恼，特别是当他在心里有这种思想的时候，通过考虑它们，他马上进入了完全的宁静。"哲学思考成了他唯一自我解脱的道路。

正如一位花贩所说的那样："夜来香其实在白天也是很香的，只是因为白天人的内心太浮躁了所以闻不到夜来香的香气。如果一个人白天的心也很沉静，就会发现夜来香、桂花、七里香，连酷热的中午也是香的。"宁静是一种很美好的心境，也是一种很宝贵的心境，它是浮华散尽之后的怡然自得。

记得小时候看过这样一篇童话故事：有一位十分慈祥的仙女，她是国王所有女儿的教母。当每一位公主满16岁的时候，这位仙女教母都会送给她们一件非常珍贵的礼物。等到最小一位公主快满十六岁的时候，仙女教母让她在选礼物之前先去拜访一下她那些已经得到她们认为最珍贵的礼物的姐姐。

小公主到了第一位公主姐姐那里，发现她要的礼物是"智慧"，她成了世界上最聪明的人，但她却并不幸福，因为太聪明的人总会发现周围的人是那么的愚蠢。她超人的智慧让周围的人很不开心，她自己也无法快乐起来。

当小公主来到第二位公主姐姐那里，她的姐姐无比苍老地躺在病床上恳求小公主一定要求仙女教母再送她一件礼物"健康与青春"，因为她的愿望是变成世界上最美丽的女人，但却因为一场大病而变得病恹恹了。

小公主有些忧伤地拜访了第三位公主姐姐，发现她姐姐所在的国家非常的富有，因为她的这位姐姐要的礼物是世界上数不尽的金子。就连这位公主姐姐的衣服也变成了金子做的，拖着沉重的金子生活没有一点自由和快乐。

……

小公主分别又拜访了得到"权力"、"荣誉"、"地位"等礼物的公主姐姐。

最后，当她回到教母的身边时，她要的礼物是"一颗宁静的心"，她变成了世界上最幸福的人。

很多人在小的时候也许很难明白这个故事的寓意，因为，智慧、美貌、财富等礼物拥有让人无法抗拒的诱惑力。但慢慢长大之后才会发现宁静所蕴含的幸福力量。守住一份宁静，就是守住供自己休养生息的心灵净土。守住一份宁静，就能削减人生中的苦恼与苍凉，抛却一切束缚自由地追寻生命最本质的东西，抵达安宁与幸福的彼岸。

  在我们所处的这个到处充满了压力、竞争、焦躁、不安的年代，我们不太可能有那个福分过像陶渊明那样"采菊东篱下，悠然见南山"的恬静生活，也不可能像金庸小说中令狐冲那样笑傲江湖，超然物外。我们很难找到一片安宁祥和的地方隐居，但是我们可以退入到自己的心灵，隐居在自己的心里。

  大隐隐于市，小隐隐于野。结庐在人境，而无车马喧；问君何能尔，心远地自偏。如果不能回归自然的话，至少可以把自己隐没于都市的繁华之中，给疲惫的身心洗涤一下凡尘的污浊，给自己的灵魂找一个没有繁杂的归宿。与世无争，简单的生活，恬淡的微笑，面对大海，春暖花开。

远离对未来所有事情的焦虑

我再次要求自己，远离对未来所有事情的焦虑，因为那些事情即使发生了，我也会照样用我目前处理问题时的理性对待它。而所有的故事都会在时光里消逝，你的记忆会消失，别人记忆中的你也将消失。

在现实生活中，杞人忧天并非只是一个成语故事。无论是在古代还是在现代，对于未来的焦虑都是确实存在的，只是表现形式不同而已。

韦莲大学毕业已经一年多了，总是找不到"情投意合"的工作。不久前，她总算得到了一家大公司的录用通知。很多好友都为她高兴，但是令大家想不通的是拥有了一份好工作的韦莲依旧是愁容满面，一点都高兴不起来："我真担心自己做不好这份工作，万一明天就被辞了……"

在这个竞争激烈的社会里，有危机感的员工更容易生存下来。但是对未来过度焦虑并不是一件好事情。

在撒哈拉大沙漠中有一种土灰色的沙鼠，每当干旱季节即将来临的时候，即使周围地面的草根很多，足够它们度过干旱季节，但是它们依然不停地将草根咬断运回自己的洞穴，仿佛只有这样才能让它们安心。

有研究者将沙鼠装在了笼子中，即使笼中有足够的食物，它们依然为没有囤积足够的草根而焦虑，它们在笼内四处寻觅着，焦虑到甚至不能进食，直到忧心忡忡地死去。

人们发现，导致沙鼠死去的原因是来自于它们对于未来的焦虑。它们总是想象着自己会被饿死,而这种焦虑也最终会把它们给吓死。

这种多虑的假设性"自我实现的预言",是引起焦虑的重要原因。试想一下,如果上文当中的韦莲将所有的心思都聚焦在可能被辞退的恐惧上,怎么有那么多心思去好好工作呢?

很多人常常会不由自主地过度焦虑,总希望所有的事情都在自己的控制或者期许之下发展,对于过去也时常会突然泛起无法抑制的悔恨。这种状况只会让自己越来越陷入焦虑的沼泽无法自拔。

马可·奥勒留在《沉思录》中告诉我们:"要远离对未来所有事情的焦虑,因为那些事情即使发生了,我也会照样用我目前处理问题时的理性,在那一日对待它。"即使那些对于未来的担心成了事实,无论焦虑与否,都是无济于事的。

与其陷入无用的焦虑状态,还不如认真静下心来做好手中的每一份工作,潇洒一点,从从容容、踏踏实实地面对一切,还相对比较安全,比较有保障一些。

行动方案

搜狐CEO张朝阳说:"为什么我们的年龄越大焦虑越多呢?就是因为我们的年龄越大经历越多,经历越多就越要进行总结。"过度焦虑会严重影响我们的身心健康,影响我们的工作状态。那么如何才能摆脱焦虑的困扰呢?以下是我们为你总结的小心理疗方,希望能对正处在焦虑中的你有所帮助。

1. 活在当下,节制欲望,不透支烦恼。为未来做计划,但不忘却当下的事情而去担心模糊的未来。务实地做事,追求优秀,但不制定过分高于自己能力所及的目标。

2. 用"忽视"对待未来的焦虑,把更多的精力投入到热火朝天的工作当中,忙碌往往会让我们忽视那些焦虑的因子,不让过去的某些失败阴影罩住你的心灵阳光。

3. 增强自信,给自己一些底气,不要总是怀疑自己解决问题的能力,夸大自己失败的可能性。

4. 通过听音乐、倾诉、运动、旅行等方式让自己从过度紧张、不安的情绪中解脱出来。多吃牛奶、巧克力、香蕉等容易让人快乐、舒缓情绪的食物。

保持宁静，考察自己应该做什么

　　　　　　　　保持宁静吧，考察应当做什么，因为这不受眼睛而是受另一种观照力的影响。
　　　　　　　　宁静，才能听到花开的声音；宁静，才能听到雪落的声音。即使是处在喧嚣的都市，只要让你心中那些噪音沉寂下来，你就能知道自己到底应该做什么，你就能听到别人听不到的声音，抓住别人抓不住的机遇。

　　一家著名企业在报纸上登了一则招聘广告，要招聘一名有能力处理琐碎敏感事务的高级职员。鉴于这家公司的知名度和诱人的高薪，前去应聘的人非常多。
　　在等待面试的大厅里，所有的人都在高谈阔论，夸夸其谈，希望自己的才华能够引起公司重要人物的关注。因此大厅里面非常嘈杂，以至于绝大多数人都没有听到广播里那个微弱的声音："我们想招聘一名有着安静天性以及敏锐观察力的人，听到这个指示的人可以进来拿聘书。"
　　其中只有一个年轻的男孩知道自己是来面试的，他该做的就是等待面试的消息。因此，他从进入公司的那一刻开始一直保持沉默，安静地坐在大厅的一个角落里。当听到那个广播的时候，他立即站起来走进了房间，并成功地拿到了聘书。
　　很多时候，我们一直都在苦苦地追寻着成功的足迹，奋力捕捉着机遇的灵光，但是当成功正在召唤我们的时候，却因为沉浸在浮躁的世界中忽视了它的声音。

在工作中，很多人并不是被自己的能力所打败，而是败给自己无法掌控的情绪。他们往往会出现焦虑、欢喜、急躁、慌乱、失落、颓废、茫然、百无聊赖等困扰工作的情绪。这种情绪一齐发作，把原本心灵的宁静给压制得无影无踪，更别说拿出时间来考察自己该做什么了，始终无法把力量使在该使的地方，忙碌不止但却无法给出老板满意的结果，给自己一个圆满的结局。

行动方案

浮躁的世界，需要一颗宁静的心，拂拭蒙住双眼的尘埃。在工作中，保持一份宁静，保养身心，洗涤思维，让大脑在清澈的湖水中得到净化，很明朗地知道自己该做什么，该对什么负责。只有明确自己的责任与权限范围，才能摆脱自己的工作和下级的工作、同事的工作及上级的工作中的互相扯皮和打乱仗现象。清楚自己的职责所在，就要去考虑该如何去履行。

那么，工作中如何才能保持一颗宁静的心呢？你可以尝试着从以下几个方面开始改变：

1. 树立正确、明确、坚定的目标。专注地顺着这个目标一路前行，可以在一定程度上抵制路途中各种分散精力的诱惑和干扰。

2. 当你对某项工作产生厌烦情绪时，应该及时调适自己的心理，换个工作方式，提高工作效率，防止陷入烦躁的心理沼泽。

3. 在竞争和攀比时要知己知彼，保持相对乐观豁达的心胸，减少因为心理失衡所产生的那种心神不宁、无所适从的感觉。

4. 适当的体育运动可以让我们的心灵垃圾和身体垃圾得到排放，保持神清气爽的宁静。

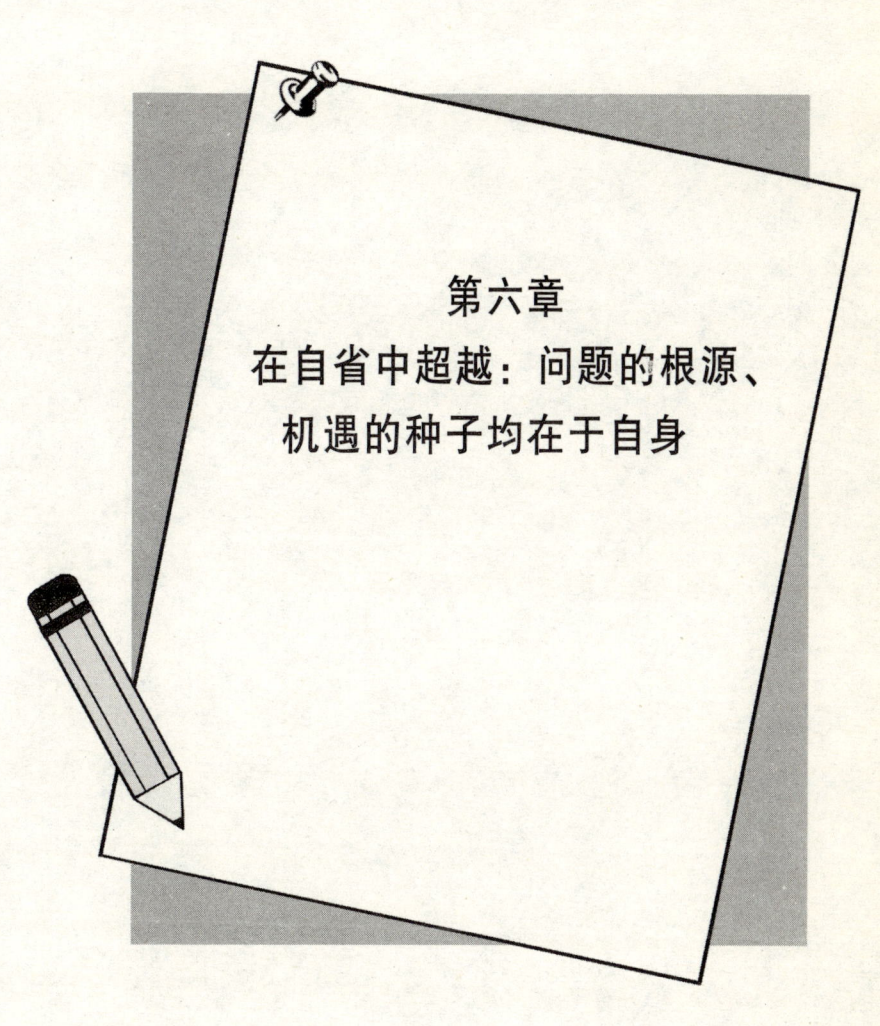

第六章
在自省中超越：问题的根源、
机遇的种子均在于自身

自省：关注别人对自己蔑视的原因

> 假如有什么人蔑视我，让他自己去注意这种蔑视吧。而我要注意的是这一点：人们看到我不会去做或者说配受蔑视的任何事情。有什么人憎恨我吗？让他去注意这憎恨吧。但我要使自己对每个人都和善、仁爱，甚至乐意向恨我者展示他的错误，但不是通过斥责他，也不是作出一种忍耐的样子。

当别人蔑视自己的时候不要总是一副桀骜不驯的不屑表情，不要总开口闭口就很潇洒地说："走自己的路让别人去说吧！"如果我们的确有资本说这句话当然无可厚非，怕就怕我们走的路明明就是错的，还一副自以为是的态度。

人要脸，树要皮，不要说你不在乎别人对你的看法。每个人都有不同程度的自恋心理，很难看到自己的缺点，别人往往是自己的一面镜子，透过别人来反省自己才能化耻辱为动力，奋发向上，达到你生命该达到的高度。

在人才济济的 IBM 公司，吴士宏只是一个帮衬的小人物，她的工作是成天端茶倒水，抹洗清扫，甚至觉得能摸摸办公室的传真机都是一种奢侈。但是口袋里的薪水还是让她感觉到小小的满足与快乐。

然而，就连这小小的幸福也有被突然打破的时刻。有一天，吴士宏购买办公用品回公司的时候，门卫把衣着寒酸、推着平板车的她拒之门外，口气生硬地要她拿出外企工作证，偏偏那天她忘了带。门卫鄙视的姿态，来往人们异样的目光，慢慢地点燃了她的耻辱之火。她发誓不会再让自己忍受这种羞辱和蔑视，更不允许自己再被挡在自己的公司门口。

有的时候人倒霉起来连喝口水都会被呛到，不久之后，吴士宏又被怀疑成偷喝咖啡的小贼，只因为她在办公室的分量最轻、地位最低。面对同事的鄙夷神态，她的内心再也无法安于平庸。她开始利用一切时间和机会提升自己，每天最早一个到公司，最晚一个离开公司。

很快，她就脱颖而出，成为同一批聘用者中的业务代表，成为第一批本土经理、第一批美国本部作战略研究的人，最后成为IBM公司华南区的总经理。

别人对自己的蔑视是别人的自由，自己没有办法去控制别人的心灵和表情，但是万事皆有因，只有通过努力和奋发才能超越别人，不给别人蔑视的机会。就像韩信，当他破衣烂衫、饥饿潦倒的时候，有人让他遭受胯下之辱，所有人都蔑视他、嘲笑他。但是当他成为天下兵马大元帅的时候，那些人，没有资格，也没有胆量敢蔑视他了。

因此，我们对待鄙视的态度就是：重视，自省，改进，完善自己，做好手上的每一份工作，不给别人鄙视的机会与资格。

行动方案

自省是一次自我解剖的痛苦过程。它就像一个人拿起刀亲手割掉身上的毒瘤，需要巨大的勇气。认识到自己的错误或许不难，但要用一颗坦诚的心去面对它，却不是一件容易的事。懂得自省，是大智；敢于自省，则是大勇。割毒瘤可能会有难忍的疼痛，也会留下疤痕，但它却是根除毒瘤的唯一方法。只要"坦荡胸怀对日月"，心地光明磊落，自省的勇气就会倍增。古人云："君子之过也，如日月之食焉。过也，人皆见之；更也，人皆仰之。"这句话的意思是说日食过后，太阳更加灿烂辉煌；月食过后，月亮更加皎洁明媚。君子的过错就像日食和月食，人人都看得见,但是改过之后,会得到人们更大的尊敬。

　　自省的主要目的是找出过失及时纠正,所以自省绝不可以陶醉于成绩,更不可以文过饰非。"静坐常思己过",以安静的心境自查自省,才能克服意气情感的干扰,发现自己的本来面目,捕捉到平时不注意的过失。

一个人不应当听从所有人的意见

> 那分配给各人的命运是由各人把握的,命运也把握着他。他也记住每个理性动物都是他的同胞,记住关心所有人是符合人的本性的,一个人不应当听从所有人的意见,而只是听从那些明白地按照本性生活的人们的意见。

"你无法取悦所有人!"叔本华说,"我们花了人生2/3的时间模仿别人。这样做的原因之一,在于我们努力要取悦每一个人。希望得到别人的尊敬和赞扬是人类的天性,但问题是,世界上没有两片完全相同的叶子,每个人都是不同的个体,都有独立的思想,你所做的事情永远不可能让所有的人都满意。"

美国普利策奖获得者赫伯特·贝亚德·斯沃普曾经说过这样一句富有哲理性的话:"我无法给你成功的公式,但能给你失败的公式,它就是试图让每一个人都满意。"当一个人怀着让所有人都满意的心态去听从所有人的意见时,那么等待他的将会是非常糟糕的结果。

小于刚刚跳槽到一家大公司,老板就给她一份重要的策划:公司最近在城北一个居民区附近买了一大块地,老板让她负责和其他几位同事进行一下调查,看看这块地适合用来做怎样的投资。小于见自己刚来老板就委以重任,可见老板对自己非常信任,所以下决心一定要干好,不辜负老板的信任。经过一段时间的调查后,小于发现这个居民区附近缺少大型超市、游乐场和医院。她觉得做超市比较稳妥，于是将自己的看法做成了策划拿出来与几位伙伴研究，却遭到了质疑。因为虽然居民区没有大型超市，可小超市却不少，而且分布在居民区里面，更方便于居民购物。居民区附近缺少医院，生病了就是去最近的医院也要一个小时，十分不方便。

小于听从了其他同事的意见，又重做了一份策划。可她再次拿出来研究时，又遭到质疑。医院的前后期工程比较浩大，而且申请起来也比较麻烦，整个过程过于复杂，会浪费公司太多精力，还是游乐场工程短，收效快。虽然老板一催再催，可小于的方案却为了与其他同事的意见达成一致而一改再改，那块地附近陆陆续续开始了许多工程的建设：大型超市、医院、游乐场……最后，老板不得不将那块地转手卖给他人，小于也因此失去了老板对她能力的信任。

小于这种听从别人意见的从众心理使作为项目负责人的她失去了主心骨，像浮萍那样不停地左右摇摆，怎么可能做好工作呢？在工作中，孰是孰非，我们必须有个清醒的判断。对于别人正确的意见，当然需要虚心接受，但是对于自己认为是正确的道路，就应该坚持贯彻下去，不随波逐流，不人云亦云，不朝令夕改，这样才能把工作进行下去，把工作做好。

行 动 方 案

如何对待别人的意见？

1. 是否听从别人的意见是需要一个自我判断能力的，而这个自我判断能力是建立在对工作的熟悉程度和洞悉能力之上的，只有底子足、功夫硬，才能真正有底气、有自信地保留并坚持自己的意见。

2. 看待别人意见的时候要多角度、多思维地进行正确判断，可以适当采取别人对自己有用的意见作为自我方案的补充，但是不能听从所有人的意见，因为那样会让你陷入混乱，不知道何去何从，除非你有综合所有人意见的能力。

美是归于自身的,不把赞扬作为它的一部分

> 在各方面都美的一切事物本身就是美的,其美是归于自身的,而不把赞扬作为它的一部分。赞美并不能使一件事物变得更好或更坏。

美,是归于自身存在的,也是一种客观存在,一个事务并不是因为它被赞扬才变美的。心灵的美,应该来自于真实的道德高尚,而不是为了靠别人的赞扬而变美的。存在美、本质美,才是真的美。亚里士多德在《修持学》中写道:"美是由于其自身而为人所向往并且值得称颂的事物,或是善并且因为善而令人愉快的事物。"可见,美的本质首先是事物本身的可称颂性。

在各类关于招聘的书上都流传着类似这样的故事:某家公司在招聘的时候,有一位应聘者随手捡起了地上的一个纸团,或者摆正一把横在地上的扫把,再或者钉好椅子上的一颗钉子,等等,结果要么被夸赞为有道德,要么被赞扬重视细节,结果无一例外地被录用了。于是很多应聘者总以为这是招聘公司所设的考验"局",在面试时对纸团之类的小东西都特别敏感,时时充满戒备,处处小心翼翼,生怕在某个环节出错而惨遭淘汰。

但实际上,这并非真的是企业所设的"局",有一位主考官是这样说的:"作为主考官,我要告诉你,我们不设'局'。如果你在公司的楼前遇到一位乞丐,我可以负责任地告诉你,那位乞丐不是我们的托儿。

你给他钱只代表你有爱心，但是千万别幻想会因此在面试中得到优待。

"如果你在拥挤的电梯里给一位孕妇让位，我可以负责任地告诉你，她不是我们的托儿。你为她提供方便，这是你的美德，但是你千万别将她当成总经理的太太，以为可以因此出现奇迹。

"你是否具有专业能力，是否是这个岗位最有力的竞争者，才是我们最关注的。但是，我也同样负责任地告诉你，你的真善美都是你的素质，它也许不会为你的某一次求职加分，但它一定是你人生大'局'里关键的一票。美德是来自内心的善，不是为了得到赞扬，也不是你用来换取其他东西的筹码。"

很多道德本身就是自己该遵守的基本，我们的内在美不是做给别人看的，我们在工作中努力奋斗不是演戏给老板看的，我们帮助需要帮助的同事不是为了获得别人的赞赏，我们通过努力使自己变得更加优秀也不是为了得到别人的仰视。我们所做的一切都只是遵从生命的本性，无关赞扬，无关别人的眼光，我们只是在做我们应该做的事情。

行 动 方 案

在工作中，所有关于负责、忠诚、自觉、主动等美德是归于自身的，不应该把它们当做赞扬的一部分。我们工作的最大意义与价值在于体现生命存在的价值，发挥自己的才华，不断地使自己提升到更高的平台，而不是单纯地为了薪水。

靠自己，不把自己的幸福寄托在别人的灵魂之上

> 你错待了自己，我的灵魂，而你将不再有机会来荣耀自身。每个人的生命都是足够的，但你的生命却已近尾声，你的灵魂却还不去关照自身，而是把你的幸福寄予别的灵魂。

某人在屋檐下躲雨，看见观音正撑伞走过。这人说："观音菩萨，普度一下众生吧，带我一段如何？"

观音说："我在雨里，你在檐下，而檐下无雨，你不需要我度。"这人立刻跳出檐下，站在雨中："现在我也在雨中了，该度我了吧？"观音说："你在雨中，我也在雨中，我不被淋，因为有伞；你被雨淋，因为无伞。所以不是我度自己，而是伞度我。你要想度，不必找我，请自找伞去！"说完便走了。

第二天，这人遇到了难事，便去寺庙里求观音。走进庙里，才发现观音的像前也有一个人在拜，那个人长得和观音一模一样，丝毫不差。

这人问："你是观音吗？"

那人答道："我正是观音。"

这人又问："那你为何还拜自己？"

观音笑道："我也遇到了难事，但我知道，求人不如求己。"

有些人一遇到事，首先想到的是求人帮忙。有些人不管是有事还是没事，总喜欢跟在别人身后，以为别人能解决他的一切疑难，在他们的

心里，始终渴望着一根随时可以依靠的拐杖。但实际上，在绝大多数时候，自己才是最可靠的。并不是每个人都能像凌霄花那样攀缘高枝炫耀自己，因为这个世界上没有那么多供你依靠的大树。即使有，也是不可靠的，如果大树倒了，你该怎么办？

清代画家郑板桥老年得子，在他临死前让儿子自己去做馒头，并留给儿子这样的遗言："淌自己的汗，吃自己的饭，自己的事自己干。靠天靠人靠祖宗，不算是好汉。"

靠自己，用自己勤劳的双手与聪明的大脑才是最永久的保障。

美国石油大亨老洛克菲勒曾张开怀抱鼓励孩子从桌子上跳下来，可当孩子跳下来的时候老洛克菲勒并没有去接住孩子，而是让孩子记住："凡事要靠自己，不要指望别人，有时连爸爸也是靠不住的！"

在工作中，很多人总是倾向于去依赖别人的帮助，把自己的全部工作量往其他同事身上压，结果不但变成了其他同事避而远之的拖油瓶，自己也无法得到实际的锻炼。当离开其他同事的帮助时就像失去了骨架的软体动物一样什么事情也做不好。再或者是太相信别人，把所有的希望都寄托在别人身上，最后被敌方往背后戳一小刀毙命。

就像国际歌中所唱的那样："从来就没有什么救世主，也不靠神仙皇帝，要创造人类幸福，只有依靠人类自己。"自己才是最可靠的，自己的幸福是把握在自己手中的，是需要自己去创造的。内因才是根本，当我们在工作中遇到困难的时候，我们不拒绝外界的帮助，但是最主要的还是要依靠自己。

行动方案

摆脱对别人的依赖心理，靠自己创造自己的幸福，应该从以下几个方面着手：

1. 制定一份"自我独立宣言"，树立独立的人格，培养自主的行为习惯。用坚强的意志约束自己有意识地摆脱对其他的同事和领导的依赖，同时自己要开动脑筋，把要做的事的得失利弊考虑清楚，心里就有了处理事情的主心骨,也就敢于独立处理事情了。

2. 树立人生的使命感和责任感。具有使命感和责任感的人,都有一种实现抱负的雄心壮志。他们对自己要求严格,做事认真,不敷衍了事、马虎草率,具有一种主人翁精神。选择了这种精神,你就选择了自我的主体意识,就会因依赖他人而感到羞耻。

3. 当你充满信心去实践自己的主张时,不要太依赖外界的帮助。当你遇到困难时,不要轻易向别人求援或接受他人的帮助。

4. 消除身上的惰性。依赖心理产生的源泉,在于人的惰性。要消除惰性,就得锻炼自己的意志。处理事情的时候,要果敢向前,说做就做,该出手时就出手;还得有灵活的头脑,要善于思考,勤于思考。

取消不必要的行为，丢弃不必要的思想

我们所说和所做的绝大部分事情都是不必要的，一个人如果取消它们，他将有更多的闲暇和较少的不适。因而一个人每做一件事时都应当问问自己：这是不是一件必要的事情？一个人不仅应该取消不必要的行为，而且应该丢弃不必要的思想，这样，无聊的行为就不会跟着来了。

马可·奥勒留说，如果你愿意宁静，那就请从事很少的事情。要做必要的事情，以及本性合群的动物的理性所要求的一切事情，并且像所要求的那样做。因为这不仅带来由于做事适当而产生的宁静，而且带来由于做很少的事而产生的宁静。做很少的事情就要求我们不仅要取消不必要的行为，而且应该丢弃不必要的思想。

师徒二人走在路上，徒弟发现前方挡着一块大石头，于是就愁眉苦脸地停了下来。

师父很奇怪地问他："为什么不走了？"

徒弟很痛苦地说："这块石头挡住了我的路，我走不下去了。"

师父更加奇怪地问："道路这么宽，你为什么不绕过去呢？"

徒弟坚决地回答道："不，我不绕，我就想要从这块石头前穿过去！"

师父深深地叹了口气："你这又何必呢？"

徒弟说："我要打倒这块挡住我路的大石头，我要战胜它！"

但是，无论徒弟再怎么发扬不怕苦、不怕累的精神，他还是一次又一次地失败了。这样的结果让徒弟痛苦极了："古人都说一屋不扫何以扫天下，我连这块石头都不能战胜，又如何能完成我的宏伟大业？"

师父说："你这种褊狭的执著是不值得的，并非事事都做就能实现你的宏伟大业，取消不必要的行为，丢弃不必要的思想，你才能轻松地抵达成功的目的地。"

世界上无数的失败者之所以没有成功，并不是因为他们的才干不够，而是因为他们不能把精力集中到有必要的地方去。最聪明的人是那些对无足轻重的事情无动于衷的人，但他们对较重要的事情总是很敏感。那些太专注于小事的人通常会变得对大事无能。职场中人 3/4 的精力都要花在值得做好的事情上面，不要做捡了芝麻丢了西瓜的赔本事情。只有站在综观全局的巨人身上，跳出忙碌的狭隘圈子，在懂得放弃的同时把握好值得做的事情，并付出所有热情和心血才能劳有所得、劳有所值。

行动方案

有经验的园丁往往习惯于把树木上许多能开花结果的枝条剪去，一般人会觉得可惜，但是园丁们知道，为了使树木能更快地茁壮成长，为了让以后的果实结得更饱满，就必须忍痛将这些旁枝剪去。

我们做事就像培植花木一样，与其把所有的精力都消耗在无意义的事情上，还不如看准一项适合自己的重要事业，集中所有的精力，全力以赴、埋头苦干，那取得好成绩的可能性会更大一些。那么如何才能取消不必要的思想和行为呢？

1. 问清楚工作的目标与要求，可避免重复作业与减少错误的机会。
2. 懂得拒绝，不让额外的要求扰乱自己的工作进度。
3. 主动提醒老板排定优先级，可大幅减轻工作负担。
4. 报告时要有自己的观点，只需少量的信息即可让老板满意。
5. 演示文稿时增加互动的机会，可缩短演示文稿的内容与报告的时间。

    6. 有效过滤邮件，让自己的注意力集中在最重要的信息上。

    7. 当没有沟通的可能时，不要浪费时间。

    8. 只要取得信任，不需要反复沟通，同样可争取到你要的资源。

    9. 专注工作本身，而不是绩效评估的名目，才能真正有好的表现。

第六章 在自省中超越：问题的根源、机遇的种子均在于自身

不陷入无聊的窝里斗

> 从我的老师那里，我明白了不要介入马戏中的任何一派，也不要陷入角斗戏中的党争。

自古以来，宫廷都是阴谋斗争最为诡异激烈，斗争水平最为高超的地方。但是身处宫廷的马可·奥勒留是一位很明智的哲学家帝王，他不愿意陷入任何一派的党争。因为这种毫无意义的窝里斗的内耗，只会更加削弱团体的力量。

著名作家柏杨说，窝里斗是中国人最可怕的祖传毛病，中国人最大的悲哀，在于99%的精力都得用到窝里斗上。虽然随着现代文明的发展，这种状况有所减缓。但是依然在很多企业中繁衍生长，让广大职场人士"饱受折磨"。

罗伊在某大型传媒公司下属的一个办事处工作，和其他三名同事一起，在频道主编的带领下，努力地工作。他们负责的频道运营得越来越好，谁也没想到，一场因为值班而引发的争斗悄悄降临……

一个周末，轮到苑亚这一组值班。一位同事头天加班，早晨晚到了一会儿。罗伊因为生病，也是下午才过去。不料这些都被"顺带路过"的分站总编看在眼里。第二天，公司里开始盛传"××频道的员工不肯值班"，好在频道主编挺身而出，替他们澄清……事情很快平息了，但总编和他们的关系从此急转直下。当别的频道还在建设中时，罗伊这一组已完成了所有的准备。可在例会上，总编却要求他们加班，说是"权

当做给上面看,样子卖力点,也好加工资"。这遭到了频道主编的反驳:效率出工作,没必要做秀。看得出来,总编脸上有些挂不住。

　　两个月后,总编总算钻到了"空子":频道主编怀孕开始休假了;第二天,总编立马就给××频道"穿小鞋"——每天召开三刻钟会议,一开就是一星期,会议的主题只有一个:反复强调剩下的4个人要对他直接负责,××频道的内容需要全面调整。

　　以后,总编的小动作不断:试用期过了,罗伊的工资却明增暗减,公司里更在盛传,××频道已经被判了"死刑"。谣言很快变成了现实,一个月后,总编直截了当地对罗伊说:"公司里要调整职位,你的文笔不错,应该可以找到新的工作。"很快,另外3个人也惨遭不公:一个被总编传个话,就打发了;一个调到市场部;最后一个"独木难成林",请了长病假。人事经理事后悄悄告诉罗伊:"你们的上司不在,谁也保不了你们。"

　　如果你不巧是某个小团体的人员,有可能像罗伊一样,怎么"死"都不知道,更糟糕的是你有可能会成为别人的替罪羊。此外,在小帮派里的人应酬较多,私人事务也增多,很难抽时间加班或学习专业技能。

　　所以,在工作中,你一定要注意,千万不能加入已经形成的小帮派,要自己维护团队和谐的人际关系,才能为自己的稳定发展培植优良的土壤环境。

行 动 方 案

　　在很多单位,都不同程度地存在窝里斗的派系斗争,使原本简单的同事关系、上下级关系变得错综复杂,也使原本就已疲惫不堪的身心更加疲惫。像树那样,很自然地就分出了枝杈,严重地分散了工作的精力。为了避免这种无聊、无休止的窝里斗,你可以从以下几个方面着手。

　　1. 公私分明。与同事相处,特别要注意公私分明,即使关系好的几个人同在一个办公室,上班时间也要公事公办,不要经常在一起聊天说闲话。

  2. 团结为重。当你因工作上的事受到上司的批评后，不管上司是对是错，你都不能因一时之气与关系较好的人煽风点火，联合起来对抗上司，而要把团结放在第一位，尽量缓解同事与上司之间的紧张气氛。

  3. 如果你已经身为帮派的一员，并感受到自己的工作表现因此而受到了影响，那么与之保持距离将是十分重要的。工作之余，限制自己的社交活动，例如，与其他同事共进午餐，为帮派之外的人提供帮助。切忌在办公室里谈你的周末是如何与他们共度的。

第七章
思考是无往不胜的利器

每时每刻都要坚定地思考

> 每时每刻都要坚定地思考,就像一个罗马人,像一个葆有完整而朴实的尊严,怀着友爱、自由和正义之情感去做手头要做的事情的人那样。你要摆脱所有别的思想。

每次看罗丹雕塑沉思者的时候,都会被那种美感所震撼。思考,本身就是一种魅力。我思故我在,思考是人与动物的重要区别,也是优秀者与平庸者的分界线。

有一个员工曾问自己的犹太老板:"论勤奋,你不如我;论成功,我根本不敢和你比。这是为什么呢?"

老板有些哭笑不得,然后告诉他:"我为什么要比你勤奋呢?并非付出就一定会有结果,并非勤奋就能赚到钱。我也曾经勤奋过,很多年前,当我还是一名员工的时候,我比你勤奋、刻苦得多,却没有你现在挣得多。在这个社会,任何人想脱颖而出单靠勤奋是不行的。"

员工迷惑地问:"那靠什么?"

老板说:"靠思考。我的长处就是提供机会,让别人勤奋地工作,而不是要我比员工更勤奋。"

这位犹太老板的话道出了思考对我们每个人的重要性,在做工作的时候,不能总是默默无闻地埋头苦干,一定要正视思考的力量。如果有一半的时间用于行动,那就要拿出另一半的时间来思考。

行动方案

松下幸之助认为,不会思考的员工是没有出息的员工。思考会受到周围环境的影响,所以,你必须要有一套科学有序的流程,来控制这些影响因素。为此,奥里森·马登对思维流程作出了科学的解释,将如何思考归于以下四点。

1. 发现问题。发现问题是整个思维过程中最困难的一部分。要知道,在你提出问题之前,你不可能知道你要寻找的是什么解决方法,更不可能解决这个问题。

2. 分析问题。一旦你找出这个问题后,你就要从所处的环境中发现尽可能多的信息。你应该强迫自己去寻找有关资料,直到你觉得自己已仔细并准确地分析了这个问题之后,再作出判断。

3. 寻找可行的解决方法。在这一步骤中创造性是很重要的。尤其在采纳现成的方案时要特别留心。如果别人也探讨过同样的问题,而且其解决办法听起来也适合于你的情况时,你就要仔细判断一下别人当时的情况与你的情况有哪些相同之处。

4. 科学验证。很多人到了上一步就停止了,这其实是不完整的,也是不科学的。一旦解决的办法找到了,你就要对其进行检验和证明,看看这些办法是否有效,是否能解决提出的问题。在检验之前你不可能知道这些办法是否正确。在这个过程中,你所要做的就是寻找出现这种情况的原因,并加以解释,你要回答诸如"为什么"、"是什么"、"怎么会"这类问题。

走正确的道路，正确地思考和行动

> 如果你能走正确的道路，正确地思考和行动，你就能在一种幸福的平静流动中度过一生。这两件事对于神的灵魂和人的灵魂，对于理性存在的灵魂都是共通的，不要受别的事情打扰。

在我们的工作中很多人的忙碌和失败不是因为工作太多，也不是因为运气不好，而是因为在错误的道路上一路狂奔。该做的没做好，不该做的全被打乱了，直接导致工作变得复杂，时间不够用。所以，我们在工作之前一定要搞清楚什么是我们该做的，什么是我们有必要做的，什么是我们擅长做的。

丽贝卡是戴尔公司的销售主管，有一次，她被公司派去参加一个销售专题讨论会。她很清楚自己在转型人才和国际微机市场动态等问题方面很有见地，并计划在会上与业内精英进行很好的交流和探讨。

这时，公司又额外要求她来协调与会者的傍晚活动，但是她发现自己并不擅长这方面的工作，来回奔跑却无法将这项工作做好，并且还严重地干扰了原先的交流工作。于是她拨通了公司的电话，将自己目前的处境与上司进行了沟通。上司立即明白了她的想法，并作出了及时的调整，派出了一名专门安排各种活动的公关经理接替了丽贝卡。

有了这次经历之后，丽贝卡每次接受任务时都会考虑哪些事是应该做的，怎样做才能取得最好的效果。也正是这样的工作作风，使她每次都能得到公司的表彰，多次被评为公司的优秀员工。

在工作中，你做了多少事并不重要，关键在于你做对了多少事，做成了多少事。只有走正确的道路，正确地思考和行动，你才能飞得更高更远更好。

行动方案

一个能够做正确的事的人，是一个做事有目的的人，是一个能够忙于要事的人。那么，我们如何才能让自己做正确的事呢？

1. 以企业利益为重。在工作中，我们应当将企业的发展目标与自己做事的目的联系起来，站在全局的高度思考问题。这样可避免重复作业，减少犯错误的机会。

2. 找出"正确的事"。工作的过程就是解决一个个问题的过程。有时候，问题本身已经相当清楚，解决问题的办法也很清楚。但是，正确的工作方法只能是：在此之前，请你确保自己正在解决的是正确的问题——很有可能，它并不是先前交给你的那个问题。

3. 对目标负责。做正确的事要求我们要对目标负责，要有高度的责任感，自觉地把自己的工作和公司的目标结合起来，对公司负责，也对自己负责。然后，发挥自己的主动性、能动性，去推进公司发展目标的实现。

4. 学会说"不"。对于许多人来说，拒绝别人的要求似乎是一件很难的事情。但在职场中，学会拒绝别人是非常重要的。在决定你该不该答应对方的要求时，应该先问问自己：如果答应了对方的要求是否会影响自己既有工作的工作进度，是否真的可以达到对方要求的目标。

5. 善用沟通的力量。工作中你可能会有"手边的工作都已经做不完了，又丢给我一堆工作，实在是没道理"这样的抱怨，这时候如果你保持沉默，很可能会给老板留下办事不力的印象。所以，如果你在工作中出现了这种情况，一定要主动沟通，清楚地向老板说明你的工作安排，提醒老板安排事情的优先级，并认真聆听老板的意见，这样可大幅减轻你的工作压力。

从一个整体看事物,注意事物之间的关联性

> 永远把宇宙看做一个活的东西,具有一个实体和一个灵魂;注意一切事物如何与知觉相关联,与一个活着的东西的知觉相关联;一切事物如何以一种运动的方式活动着;一切事物如何是一切存在的事物的合作的原因;也要注意各部分的相互关联。

唯物辩证法认为,事物之间都是相互联系的,万事万物都是一个普遍联系的整体。在工作中,如果我们人为地忽视、孤立或者割裂事物间千丝万缕的关联性,只死死盯在一个点上,就很难取得突破。

有一个非常有潜力的少年想成为少林寺武功最高的弟子。他问师父:"我要多少年才能成为顶尖高手?"

师父告诉他:"至少要10年。"

少年说:"10年时间太漫长了。如果我付出双倍的努力,需要多长时间呢?"

师父告诉他:"20年。"

少年不甘心地追问:"如果我夜以继日地练习呢?"

师父告诉他:"30年。"

少年非常不解:"为什么我付出的努力越多,为达到目标所用的时间就越长呢?"

师父语重心长地告诉他:"因为当你一只眼睛只顾盯着目标时,那

么就只剩下一只眼睛去寻找道路了。"

专注和努力很重要,但是如果把所有的时间和精力都集中在一个点上,必然会忽视这个点与周围其他点之间的关联性。正如"两耳不闻窗外事,一心只读圣贤书"的学习方法并不能提高学习成绩、很容易把人变成书呆子一样。如果我们在工作中什么都不看,只盯着目标一路狂奔的话,很有可能形成"盲区",很容易掉进陷阱,使成功之路变得异常坎坷,离成功越来越远。

所有的事物都会以某种方式互相牵涉着,组成一个紧密的联系网,我们不能只盯着一根网线而对整个网体视而不见。

要善于发现事物之间的联系性,从它们的联系中找到突破点。例如,公司让你提出提高公司销售额的方案,你不能只把眼睛盯在本公司员工上面,要求他们做好销售工作的各个细节,因为这样做还是不够的。你还需要了解同类公司的情报:他们的产品价格是否比我方的低?他们的促销方式是否比我方的好?你更需要了解消费者的情况:本公司的主要消费群体是哪些?是工薪阶层还是大学生?如果是大学生的话,分店就应该多开在大学周围;如果是工薪阶层的话,分店就该开在工厂周围。此外,你还需要了解全市的人流集中点,了解消费者对产品功能、颜色、时尚等方面的偏好。总之,你需要了解与提高销量相关联的很多方面的东西才能将你的方案做好。

因此,当我们接到一个任务的时候,一定要注意这个任务与其他同事的项目之间的关联性,一定要多交流合作,因为资源互用很有可能会帮你打通很多壁垒,形成 1 + 1 > 2 的合力。此外,我们还需要站在整体的角度上鸟瞰工作程序,尽可能收集更多相关方面的资料,进行整合利用。只有从整体上看待工作,从事物的关联性中寻找解决方法,我们才能省力省时、又快又好地完成任务。

事物之间在客观上已经存在千万种的联系,这些联系本身就是解决

问题的契机,我们千万不要装作没有看见。思路决定出路,这个世界上被我们称为难题的东西往往是那些我们还没有找到解决方法的东西。切记:一定要注意事情之间的关联性。不要像某些庸医那样,只懂得头痛医头、脚痛医脚,要懂得从每一个与之相关的东西甚至细枝末节当中分析事物最本质的东西。

如果我错了,我将愉快地改变自己

如果有人能够使我相信并向我展示我没有正确地思考和行动,我将愉快地改变自己。因为我寻求真理,而任何人都不会受到真理的伤害。而那保留错误和无知的人却要因此受到伤害。

曾有这样的A、B两家公司,他们在同一层楼里面,而且面对面。两家公司的首席执行官在对面公司进行观察后都认为:千万不能让自己的员工受到对面公司员工恶习的感染,否则一定会出大问题的。

于是A公司给全体员工下达了这样的纪律通知:对面公司的员工穿着古怪,不修边幅,特别是行为极为放荡不羁,不但上下班从不准时,而且上班时还经常高声说话、猖狂谈笑。我们公司员工如有此行为者,一律开除。

B公司也给自己公司的员工下达了一份纪律通知:对面公司整日死气沉沉,所有人上下班都面无表情,如果我们公司的员工沾染了他们这些不良习气,那么后果将不堪设想。所以,请我公司的员工一定要与对面公司的员工保持距离!

就这样,两家公司的员工在纪律的严格约束之下,形同陌路。

直到有一天,一位应聘者的无意闯入,终于打破了这个局面。这个应聘者将简历同时寄给了这两家公司,不巧又同时得到了这两家公司的面试通知书。在面试的时候,他看到两家公司墙上的纪律要求,感到非常奇怪：A公司员工行为活泼、思想活跃、进取心强，具有丰富的想象力和大胆创新的精神，这刚好是B公司最缺少的；而B公司员工态度端庄、思想严谨、吃苦耐劳的开拓精神也刚好是A公司值得学习的。

他认为这两家公司的做法是错误的，于是给两家公司提出了向对方学习的建议，这两家公司的首席执行官看后觉得十分有道理，竟然不约而同地采纳了他的建议，并且都决定重金聘用他。

后来，这两家公司成功地进行了合并，年收入远远超出了过去的水平。他们就是时代华纳公司和美国在线公司，现在的名字叫做美国在线公司。

当局者迷，旁观者清。很多时候我们自己很难看清自己的错误，别人却能一眼看出。当我们"不识庐山真面目，只缘身在此山中"的时候，如果同事或者领导向我们提出批评和建议，不要总是自以为是，觉得自己做的都是对的，一定要静下心来自己思索分析别人说的，自己是否真的是在错误的道路上一路狂奔，这些对于我们非常重要。"忠言逆耳利于行"，别人的批评使我们少犯了许多错误，我们应该感谢他们。

行动方案

一个人的胸襟决定了一个人的成就，小肚鸡肠、封闭自负很容易把自己变成一只只能看到巴掌大天空的井底之蛙。只有放开心胸，能把别人的意见与自己的观点兼收并蓄的人才能成就大的事业。

但是，仅知道错误还不够，还要改正，及时从错误的迷宫里走出来，行走在天高地阔的康庄大道上。平时要经常跟同事多沟通，在最早的时间内发现错误，改正错误，不断在这个过程中寻找进步的动力，提升自己的实力。

别轻易说"不可能"

> 如果有一件事是你难以完成的,不要认为它对于别人也是不可能的,但如果什么事对于人是可能的,是合乎他的本性的,那么想来这也是你能达到的。

这个世界上从来就没有绝对的事情,如果有一件事看起来是你难以完成的,也请不要轻易说不可能。

举个例子来说吧。如果当我跟你说1加1等于1,2加1等于1,3加4等于1的时候,你信吗?也许正常的人都会说:"这怎么可能呢?"但是,只要我们给这些数字加上适当的单位名称,这就是可能的:1里加1里等于1公里,2个月加1个月等于1个季度,3天加4天等于1周。

当我们遇到瓶颈的时候总是容易被"不可能"画地为牢,停在原地无法再有突破。但事实上,看似不可能的东西并不像我们想象中的那样没有任何解决的可能行,关键在于我们是否努力去尝试了,是否在尝试中懂得变通地解决问题。

曾一度热播的《大长今》中有这样一个故事:百本(即黄芪)对人有很好的药效,几乎所有的汤药之中都要加入百本。早在燕山君时代,百本种子就被带回了朝鲜,其后足足耗费了20年的时间,想尽各种办法栽培,可是每次都化为泡影。在朝鲜种植百本几乎是不可能的。

长今决定要成功种植百本。在她看来,世界上没有不可能的事。长今耥开一条垄沟,播下了百本种子。浇水之后又等了几天,依然不见发芽的迹象。有一天,她发现种子还没发芽,便腐烂了。撒播方式失败后,长今又试了条播、点播。播种以后,她试过放任不管,试过轻轻盖上一层土,也试过埋得深一点。她试过浇少量水,也试过水分充足,有时连续几天停止浇水。肥料也都试过了,甚至浇过自己的尿。然而一切努力都没有结果。躺在结实外壳中休眠的百本,仿佛故意嘲笑长今的种种努力,就是不肯发芽。

经历过多次失败后,长今开始翻阅所有关于百本与种植方面的书。她再度尝试在两条沟垄之间条播,轻轻地覆盖泥土,撒上肥料。经过不懈努力,长今终于成功地种植出了百本,将不可能的事变成了可能。

很多时候,"不可能"其实是我们自己给自己设的一个假想敌,一个不可穿越的死亡沙漠。正如彭端淑所说的那样:"天下事有难易乎?为之,则难者亦易矣;不为,则易者亦难矣。""可能"与"不可能"的分界线往往就是做与不做的区别。工作中从来就不曾有推不倒的大山,啃不动的骨头,关键就在于你是否去推了,是否去啃了,是否用对了方法。

行 动 方 案

要改变工作中的"不可能",首先就不要用"心灵之套"把自己套住,只要有了"变"的理念,就一定能够找到"变"的方法。

在遇到困难的时候,我们需要做的就是及时换个思路,多尝试几种方法,具有变负为正的勇气与气魄和改变"不可能"的智慧与方法,相信困难只能成为你的一块磨砺石,而绝非挡路石。

仔细地倾听，尽可能地进入说话者的心灵

> 仔细地倾听别人所说的话，尽可能地进入说话者的心灵。

西方有句谚语说："上帝给我们两只耳朵，却只给了一张嘴巴。"其用意就是要我们少说多听。注重实际的学者以利亚说："关于成功的商业交往，没有什么神秘——专心注意对你讲话的人极为重要。没有别的东西会如此使人开心。"

著名的咨询大师史蒂芬·柯维博士认为倾听主要有五个层次：第一个层次是完全不用心倾听，我们可以用忽视某人来形容，你心不在焉，只沉迷在自己的世界；第二个层次是你假装在倾听，你可能会用身体语言假装在听，甚至重复别人的语句当做回应；第三个层次是选择性地倾听，你确实在聆听，"哦，我记起来了，让我告诉你……我也有同感……对呀，你刚才说的我完全明白，我也曾有过类似的经验……这个我不太清楚"，你确实能够了解对方，但你过分沉迷于你所喜欢的话题，只留心倾听自己有兴趣的部分；第四个层次是留意地倾听，你能全心全意地凝神倾听，要专心聆听确实要花费不少精力，可惜你始终从自己的角度出发；第五个层次是带着同情心倾听，就是说撇下你自己的观点，进入他人的心灵。这是最高的一个层次。

费城电话公司数年前遇到过一个曾咒骂接线生的麻烦顾客。他咒骂，他发狂，他恫吓要拆毁电话，他拒绝支付某种他认为不合理的费

用。他写信给报社，还向公众服务委员会屡屡投诉，并使电话公司引起数起诉讼。

最后，公司的一位最富技巧的"调解员"被派去访问这位暴戾的顾客。这位"调解员"静静地听着，并对其表示同情，让这位好争论的老先生发泄他的牢骚。"他喋喋不休地说着，我静听了差不多3小时，"这位"调解员"叙述道，"我共访问他4次，每次都听他发牢骚，并且在第四次访问完毕以前，我已成为他正在创办的一个组织的会员，他称之为'电话用户保障会'。我现在仍是该组织的会员。有意思的是，据我所知，除这个老先生以外，我是世上唯一的会员了。在这几次访问中，我静听，并且同情他所说的任何一点。我从未像电话公司其他人那样同他谈话，他的态度也变得友善了。在第四次访问结束之后，老先生自愿付清了所有的账款，并撤销了他向公众服务委员会的申诉。"

故事中这位调解员通过倾听与理解进入了老先生的心灵，并成功地解决了问题。在我们处理问题的过程中，很多时候需要的不是天才的辩论术，而是你是否肯静下心来真诚地倾听对方的声音，是否能尽可能地进入说话者的心灵，是否肯站在对方的角度上将心比心的看问题。无论是对客户还是处理与同事之间的人际关系，真诚的倾听都很重要。

行 动 方 案

1. 在倾听时保持静默。这样可以让对方感受到你和他在一起，当你有信心使他感到被了解，而你也知道你了解他时，你才采取这种做法。

2. 对对方提供的各种信息保持充分的兴趣与敏感性，不要妄自评断。不要过分地以自我为中心，你自己是妨碍有效倾听的最大障碍。

3. 不要预设立场。如果你一开始就认定对方很无趣，你就会不断从对话中设法验证你的观点，结果你所听到的都会是无趣的。抱定高度期望值会让对方努力表现出他（她）良好的一面。

4. 注重肢体语言。有资料显示，在良好的沟通中，话语只占7%，音调占38%，而非言语的讯号占55%。眼睛注视对方，不时点头称是，身体前倾，微笑或痛苦的脸部表情等，都是用肢体语言来表达你的意思。

5. 让别人感觉到自己的重要性。吉拉德·黎仁柏在《打入别人的心》一书中评论说："在你表现出你认为别人的观念和感觉与你自己的观念和感觉一样重要的时候，谈话才会有融洽的气氛。在开始谈话的时候，要让对方提出谈话的目的或方向。如果你是听者，你要以你所要听到的是什么来管制你所说的话。如果对方是听者，你接受他的观念将会鼓励他打开心胸来接受你的观念。"每个人都有被别人认同和尊重的需求，满足了他的这种需求，你们之间的距离自然就会在无形中缩小了很多。

有理智的人把自己的幸福安置在自己的行动之中

追逐虚名的人把幸福寄托在别人的言辞上；贪图享乐的人把幸福寄托在自己的感官上；而有理智的人，则把幸福安置在自己的行动之中。

大学毕业之后，雄心勃勃的李勇独自来到深圳闯天下。他在深圳找了整整一个月依然没有找到合适的工作，这让他开始产生恐慌的感觉，但是恐慌是没有用的。只有继续跑人才市场，继续不停地在网上投简历。有一天，他看到一家著名企业内刊招聘记者，就立即激动地携作品集赶了过去。

但是到了现场他才发现，仅有一个岗位，居然有两百多竞争者，并且很多竞争者无论在学历、资历、年龄，还是口才方面都胜过了自己。李勇排在面试队伍最后面，看着那些优秀的应聘者一个个沉重地走出考场，李勇越来越觉得自己没有希望了。

刚好在这个时候，坐在大厅里等候的其他应聘者开始闲聊。其中有这么几句牢骚话引起了李勇的注意："来的都是有经验的人，小小内刊还拿不下来？一个面试还搞这么复杂！""肯定要当面出题让应聘者动笔，不怕它，都带了作品集来，还说明不了问题？"

李勇心里一动，当即在简历的背面写了一篇叫做"求贤若渴"的现场短新闻。轮到面试时，李勇把这篇作品呈了上去。结果，李勇被录用了。老总说："其实正确的方法大家都注意到了，但心动不如行动，只有你当时把大家都注意到的东西先做在了前面。"

只有抓在手里的才是属于自己的,很多人都习惯于把幸福寄托于被动的等待,寄托于美好的幻想。但是,理智的人会把自己的幸福安置在自己的行动中,他们才是最聪明的人。

行 动 方 案

在日前竞争激烈的学习型社会里,最重要的行动就是少说多做,用心工作、终身学习、与时俱进。这样才能把自己价值最大化,实现自己的人生幸福。

1. 用心工作

在工作中要想取得好的结果,关键是要用心去做。以发生在商场的一个小场景为例:一位消费者,在大卖场的货架之间徘徊,想找一罐奶粉。他看到一位服务人员在另一边整理货架。"我想找一罐蛋白质含量高的奶粉,请问在哪里可以找到?"

服务人员的反应可能有下列几种:

第一种:理都不理消费者,继续整理眼前的货架。

第二种:瞄消费者一眼,冷冷地丢出三个字"不知道"。

第三种:客气地回答消费者:"请你走到第三个货架,左转到横排第五个矮柜,就可以看到奶粉专柜。"

第四种:服务人员立即停下手中的工作,聆听他描述产品,随即带他到奶粉货架,拿下一种销量较好的高蛋白质奶粉递给他,同时说:"我想您挑选蛋白质含量高的奶粉,应该是想让您的宝宝长得更结实,我再向您推荐另外一种高钙的产品,您先试一试,或许可以让您的宝宝更健康。"

哪种服务人员是最有心、最有行动力的员工?第四种态度不但会让顾客感到舒心,而且他也能比其他服务人员推销出更多的产品。

2. 终身学习

有一种"人力资源衰减理论",意即人们所拥有的知识、经验、技能等人力资源会随着时间的延续自然衰减。落后就要挨打,衰减就要被淘汰,面对很多公司向员工们提出的"不换脑袋就换人"的警告,我们唯一能做的就是不断地学习,为自己的知识体系注入新鲜的血液。与时俱进,永远不让自己被这个时代所抛弃。

第八章
在变化中学会柔性生存

如果受到阻碍，把你的努力转到被允许的事情上去

也许某一积极力量将受到阻碍，好，默认阻碍，满足于把你的努力转到那被允许的事情上去，另一个行动机会又会直接摆到你的面前。

当你面对一个难题怎么也想不出解决办法的时候；当你着急想去做一件事，但有许许多多的障碍横在眼前难以跨越的时候……你是否常常这样鼓励自己"坚持到底就是胜利"？这种精神虽然可嘉，但是也可能会让你陷入执拗的误区，处处碰壁。

如果努力迟迟换不来预期的业绩，我们习惯于为困难和阻碍懊恼、困惑甚至焦虑，却很少想过，避开现有的障碍，走另一条路同样可以获得成功。

其实，工作有时就像打井，如果在一个地方总打不出水来，你是一味地坚持继续打下去，还是考虑可能是打井的位置不对，从而及时转换思路去寻找一个更容易出水的地方打井？

1956年，松下电器与大孤制造厂合资，设立了大孤电器精品公司，制造电风扇。当时，松下幸之助委任松下电器公司的西田千秋为总经理，自己任顾问。

这家公司的前身是专做电风扇的，后来开发了民用排风扇。但即使如此，产品还是显得很单一。西田千秋准备开发新的产品，试着探询松下的意见。松下对他说："只做风的生意就可以了。"

当时松下的想法，是想让松下电器的附属公司尽可能专业化，以图有所突破。可是松下电器的电风扇制造已经做得相当卓越，颇有余力开发新的领域。尽管如此，西田得到的仍是松下否定的回答。

然而，西田并未因松下这样的回答而灰心丧气。他的思维极其灵活与机敏，他紧盯住松下问道："只要是与风有关的，任何事情都可以做吗？"

松下并未细想此话的真正意思，但西田所问的与自己的指示很吻合，所以回答说："当然可以了。"

几年之后，松下又到这家工厂视察，看到厂里正在生产暖风机，便问西田："这是电风扇吗？"

西田说："不是，但它和风有关。电风扇是冷风，这个是暖风，你说过要我们做风的生意，这难道不是吗？"

后来，西田千秋一手操办的松下精工的风家族，已经非常丰富了。除了电风扇、排风扇、暖风机、鼓风机之外，还有果园和茶圃防霜用的换气扇、培养香菇用的调温换气扇、家禽养殖业的棚舍调温系统……

西田千秋只做风的生意，就为松下公司创造了一个又一个的辉煌。

在工作中，如果只在一条路上走，会很容易觉得路已经走绝了。但实际上，路的旁边也是路，而且条条都是新的路，只要善于开拓，就能引领你走向成功。

行动方案

遇到困难时，用正确的思维方法去思考，往往很轻易就能找到解决的方法。下面是几种有效的思维方法，可供大家参考。

1. 系统思维法。这个世界上所有人的利益都能够通过一个有效的点统一在一起，当你遇到阻碍的时候，找到一个利益结合点，把你自己和阻碍你的人捆绑在一起，形成一个一损俱损、一荣俱荣的共同利益系统。这样，也许就能创造奇迹。

2. 逆向思维法。工作中遇到困难时，如果能够避免与问题正面交锋，而采取逆向思维，从逆向入手来分析、解决问题，往往能取得意想不到的效果。

3. 发散思维法。发散思维是观察一个事物时，通过联想与想象，将思路拓展开来，而不仅仅局限于事物本身的一种方法。

4. 简单思维法。一提到高效益的工作，许多人脑海中就浮现出了复杂的设计图、烦琐的运算模式。实际上，如果你拥有将思维化繁为简的智慧，就能得到四两拨千斤的收益。

第八章 在变化中学会柔性生存

把握现在：唯一能从人那里夺走的只有现在

> 任何人失去的不是什么别的生活，而只是他现在所过的生活；任何人所过的也不是什么别的生活，而只是他现在失去的生活。最长和最短的生命就如此成为同一。虽然那已逝去的并不相同，但现在对于所有人都是同样的。所以那丧失的看来就只是一单纯的片刻。因为一个人不可能丧失过去或未来——一个人没有的东西，有什么人能从他身上夺走呢？这样你就必须把这两件事牢记在心：一是所有来自永恒的事物犹如形式，是循环往复的，一个人是在一百年还是在两千年或无限的时间里看到同样的事物，这对他都是一回事；二是生命最长者和濒临死亡者失去的是同样的东西。因为，唯一能从一个人那里夺走的只有现在。

在漫漫的人生长河中，我们能实际把握到的东西其实并不多。对于过去，已经过去了，覆水难收，不可能重来一次；未来，充满了无数种可能，不可预测的东西太多了。只有现在，是我们实实在在拥有的，也是我们最容易忽视的、最容易被夺走的。

有这样一则寓言故事：

曾经，因为下地狱的人突然减少了，阎王立刻召集群鬼，商讨如何诱人下地狱。

牛头提议说:"我们可以告诉人类:'丢弃良心吧!根本就没有天堂!'"阎王考虑了一会儿,觉得行不通,于是摇摇头。

马面提议说:"我们可以告诉人类:'为所欲为吧!根本就没有地狱!'"阎王想了想,又摇摇头。

过了一会儿,旁边一个小鬼说:"很简单嘛!我们可以去对人类传播'还有明天'的概念。"阎王点了点头。

很多人都没有意识到要好好活在今天,总是把所有的期望都放到明天,但是"明日复明日,明日何其多。我生待明日,万事成蹉跎"。人的生命有时候很脆弱,就像5·12汶川大地震,很多生命在那么一瞬之间就突然消逝无踪。试想一下,如果你明天就死了,是否会对期待中还没有完成的事情感到遗憾?

在人生中,时间是瞬息即逝的一个点,实体处在流动之中,知觉是迟钝的,整个身体的结构容易分解,灵魂是一涡流,命运之谜不可解。属于身体的一切只是一道激流,属于灵魂的只是一个梦幻。面对这梦幻般转瞬即逝的时间、青春与生命,不能抓住随手可触的美好是最刻骨的遗憾。世界上从来没有后悔药,该干什么干什么,不要为了一些虚无的幻想而抛弃了最应该把握的现在。做好生命中该做的事情,不给人生遗憾的机会,不为虚度年华而悔恨,不因碌碌无为而羞愧,不为没有激情飞扬而徒自叹息。

行 动 方 案

我们每天面对的事情,按照轻重缓急的程度,可以分为以下四个层次:

1. 重要而且紧迫的事情

这类事情是你最重要的事情,而且是当务之急,有的是实现你的事业和目标的关键环节,有的则和你的生活息息相关,它们比其他任何一件事情都需要优先去做。

2. 重要但不紧迫的事情

这种事情要求我们具有更多的主动性、积极性和自觉性。生活中大多数真正重要的事情都不一定是紧急的：比如读几本有用的书、休闲娱乐、培养感情、节制饮食、锻炼身体……很多时候这些事情我们都会拖延下去，并且似乎可以一直拖延下去，直到我们后悔当初……

3. 紧迫但不重要的事情

紧迫但不重要的事情在生活中十分常见。例如，本来你已经洗漱停当准备休息，好养足精神明天去图书馆看书，忽然电话响起，你的朋友邀请你现在去泡吧聊天。你就是没有足够的勇气回绝他们，你不想让你的朋友们失望。你被别人的事情牵着走了，而你认为重要的事情却没有做，这或许会造成你很长时间都比较被动。

4. 既不紧迫又不重要的事情

很多这样的事情会在我们的生活中出现，它们或许有一点价值，但如果我们沉溺于斯，就是在浪费大量宝贵的时间。比如，我们吃完饭就坐下看电视，却常常不知道想看什么或电视要播什么，只是被动地接受电视发出的信息。其实你要注意的话，很多时候我们花在电视上的时间都是被浪费掉了。

在生活和工作中，我们需要时刻提醒自己："此刻，什么是我利用时间的最佳方式？"在每月事先安排的工作计划中，应使自己除了能为重点的项目留出额外的时间外，还能使工作有所变化并保持平衡。

懂得化劣势为优势：从与它对立的东西中为自己获得手段

> 它甚至从与它对立的东西中为自己获得手段，就像火抓住落进火焰中的东西一样。爝火会被落在它上面的东西压熄，但当火势强大时，它很快就占有和吞噬了投在它上面的东西，借助于这些东西越烧越旺。

当有东西掉进火里的时候，对于火来说也许并不是一件好事情，因为那些东西会把一部分火焰压灭。但是，火从来都不会屈服于外在的环境压力，即使只剩下那么一个小火星，也会发扬那种"星星之火，可以燎原"的精神，化劣势为优势，借助压在它们身上的这些东西越烧越旺。

17世纪，美国宝洁公司推出了新产品——白肥皂，但是由于当时的肥皂厂很多，竞争也非常激烈，宝洁公司陷入了困境。更加糟糕的是，在辛辛那提的一个车间里，有个粗心的员工在午休前忘记关掉肥皂原料合成搅拌器，致使原料中混入了过多的空气，做出的肥皂个个都膨胀起来，颜色也由纯白变成了乳白。这个失误使宝洁公司雪上加霜，因为这意味着这些昂贵的化工原料全部报废，损失相当大。

公司的负责人非常焦急，就在这个时候，他突然想起了这么一幕：很多辛辛那提居民在俄亥俄河里洗衣、洗澡时经常把肥皂掉进水里，很难找到。想到这里，他开始微笑起来，并把一块圆鼓膨胀的肥皂放进水中，不出所料，肥皂果然浮了起来！他立即命令部下："继续生产，告诉零售商，我们又推出了新产品——漂浮的肥皂！"

这款"漂浮肥皂"一上市，立即成了杂货店里的抢手货。

世界上从来就没有什么绝对的事情，也没有绝对的坏牌。当你在工作中不小心拿到坏牌处于劣势的时候，一定要善于"以坏制坏"，从它对立的东西中为自己寻找获得翻身的手段，从逆向思维中为自己找到解决问题的出路。

行动方案

当我们遇到困难的时候，请记住：再强大的东西也有它的破绽，看似糟糕的坏局并不意味着结局一定就是坏的。从事物的对立面逆向思考，将缺点变为优点，化腐朽为神奇。

从事物的对立方面来考虑问题，从事物的功能、结构、因果关系等方面找出解决问题的方法，是一种出奇制胜的战术，只要在工作中多观察，多思考，多从对立方面考虑问题，问题自然能迎刃而解。

失败时再回去从头做起

如果你根据正确的原则没有做成一切事时，不要厌恶，不要沮丧，也不要不满；而是在你失败时又再回去从头做起，只要你所做的较大部分事情符合于人的本性，就满足了。热爱你所回到的家园，但不要回到哲学仿佛她是一个主人，而是行动得仿佛那些眼疼的人用一点海绵和蛋清，或者像另一个人用一块膏药，或用水浸洗一样。因为这样你将不在遵守理性方面失败，你将在它那里得到安宁。

  失败并不一定就是成功之母，但是如果原则对了，方法对了，即使失败了也要从头做起。因为这样的失败往往就是成功的前兆，是只差最后一秒才能沸腾的开水，是黎明前最黑暗的那一段时间。在这段时间内，我们千万别被暂时的失败所吓倒。
  1965年，一位韩国学生到剑桥主修心理学。他经常有意识地到学校的咖啡厅或茶座听一些成功人士聊天。这些成功人士包括诺贝尔奖获得者、学术权威人士和一些创造了经济神话的人，他们幽默风趣，把自己的成功都看得非常自然和顺理成章。时间长了，他慢慢发现自己被本国内的那些成功人士给欺骗了。那些人为了让正在追求成功的人知难而退，普遍把失败夸大，把成功的艰辛也夸大了。他们故意用自己的成功的经历吓唬那些还没有成功的人。这种现象在世界各地都是普遍存在的，没有人大胆地提出来并加以研究。

于是，经过五年的研究分析，他把《成功并不像你想象的那么难》作为毕业论文，交到了现代经济心理学的创始人威尔·布雷登教授手里。这位教授看后大为惊喜，随后把这篇论文发给他的剑桥校友——当时正坐在韩国政坛第一把交椅上的人——朴正熙，并在信中说，"我不敢说这部著作对你有多大的帮助，但我敢肯定它比你的任何一个政令都能产生震动。"

失败并不可怕，成功并不像想象中那么难。很多时候可怕的不是失败，可怕的是我们被失败吓破了胆子，不敢重新做起。在经历失败之后，能够勇敢站起来再试一次，从某种角度上说，就是一种成功。

行动方案

一位成功人士说得好："失败意味着你尚未达到追求的目标，或者至少是离目标远了一些。就像在追求过程中摔了一跤，或在攀登的山路上打了个滑儿，摔跤和打滑儿并不能说明全部，只能说明前进暂时受阻，但这种受阻很可能只是一个小小的插曲，它只会使你未来的胜利和成功更刺激、更有价值罢了。"

心理学家认为，潜意识就像一块肥沃的土地，如果不在上面播种成功的种子，就会野草丛生，一片荒芜。积极的心理暗示可以驱散失败的阴霾，可以在潜意识里给我们坚强的力量，引导我们走向成功。能打败我们自己的，只有我们自己。

我们要学习扬长避短，把大多数的时间和精力集中到自己的优势上面，而不是费力不讨好地忙于弥补自己的短处。他山之石，可以攻玉。善于借势的人才是最聪明的人。

任何事情都有两面性：接受所有发生的事情

> 接受所有对他发生的事情，所有分配给他的份额，不管它们是什么，就好像它们是从那儿，从他自己所来的地方来的。

马可·奥勒留认为，"如果神灵对于我，对于必须发生于我的事情，都已经作出了决定，那么他们的决定便是恰当的。"他劝自己要接受所有对他发生的事情，这在很多人看来可能是顺从命运的消极主义看法。但是，在很多时候，很多东西并不是我们可以预测的，未来也不是凭我们的意志就可以改变的。世界上没有绝对的事情，任何事情都有两面性，塞翁失马，焉知非福？要学会从乐观的角度来看待和接受所发生的事情。

从前，有一个宰相总是觉得"一切都是最好的安排"，这让国王觉得又可笑又有些讨厌。

有一天，国王准备外出，突然下起了大雨，这让国王非常扫兴。但是宰相说："这是一件好事情，大雨过后的街道一定会被冲刷得很干净，国王您就可以享受清新的空气了。"

国王没说什么。

又一次，国王准备外出巡视时却遇到了酷热的天气，十分郁闷。这时宰相又对国王说："这是一件好事情，在这么炎热的天气下出巡才能了解百姓的疾苦。"

国王忍着一股无名火没有发作。

后来,国王在检查猎器时,不小心被猎器斩断了一截手指。宰相居然也认为这是上天最好的安排,是一件好事情。

国王听后终于忍无可忍,立即把他打入大牢,并以一种幸灾乐祸的嘲讽口吻问宰相:"你认为这是一件好事情吗?你认为这也是最好的安排吗?"

没想到宰相居然说是,国王更加生气地告诉他:"好,既然你认为好,那你就继续在这里待着吧!"

过了两天,国王去打猎,不小心误入森林深处,被食人族捉住了。当晚,食人族准备了柴火,支起了大锅,准备烹饪国王。但是,当食人族清洗国王身体的时候却发现国王少了根手指头,这在族内是大忌,因为他们认为不完整的动物是不祥之物。于是他们用特有的仪式把国王送出离他们很远的森林之外。

劫后余生的国王回国后做的第一件事情就是去牢里拜见宰相,他激动地说:"断了指头果真是一件好事情。"

过了一会他突然想起了什么,他问宰相:"难道我把你关在牢里这么多天也是好事情吗?"

宰相说:"当然是好事情了,陛下您想,如果我不在牢里而是像以往那样陪同您去打猎的话,我们都会被食人族捉住。您会因为那个断指而保全性命,但我必死无疑,因为我很完整啊!"

国王终于开悟:任何事情都有两面性,你所接受的都是最好的安排。

就像老子所说,"祸兮福之所倚,福兮祸之所伏。"坏事可以引出好的结果,好事也可以引出坏的结果。当你的事业遇到瓶颈的时候千万不要灰心丧气,要接受现实并想办法进行突破,可能就是你百尺竿头更进一步的大好机会;当你在工作中遭遇重大失败的时候千万不要情绪低迷,因为经验教训是一笔宝贵的财富,你可以避免今后再犯此类错误;当你与同事关系不好的时候,因为这说明你该反省自己了,人只有不断反省才能不断成长进步。

总之,接受所有发生的事情吧,多点乐观精神,多把事情往好处想,不要让失意的事情来影响你的情绪,这样你会更加容易快乐,更加容易跨越所有阻碍与困难。

行动方案

人生不可避免地要经历很多不如意的事情,很多事情也并不是我们自己可以自由选择的。在职场中生存,除了坚强、勇敢,还需要乐观,以使我们在面对任何事情的时候都能够百折不弯。

1. 改变我们思考的重心,专心地投入工作,忘记失败,让心灵多一些阳光和快乐。

2. 辩证地看问题,既要看到事情好的一面,也要看到事情坏的一面,把一切都看成是最好的安排。

3. 要有一个心理安全带。凡事都应设想一下可能出现的最糟糕的结果并制订出应变计划,以便到时从容不迫地应对。

4. 经常运动,健康的人会更乐观。

生活中坚定地站立，准备应对突如其来的进攻

> 生活的艺术更像角斗士的艺术，而不是舞蹈者的艺术，即它应当坚定地站立，准备应对突如其来的进攻。

生活并不总是风和日丽的，更多的是狂风暴雨，是与命运、与生活的激烈角逐与战斗。

把一切都想象得风平浪静也许就是最大的危险。只有有危机感的人才更容易活下来，只有勇敢的角斗士才能在人生的角斗场中存活下来。面对更强大的敌人，只有坚定的站立，才不会被追打到无路可退的困窘境地。

狭路相逢勇者胜，听说过狼不敢吃的羊吗？也许你不相信，但是它确实存在。美洲驼羊有着好斗、无所畏惧的性格，它们有着一副天不怕、地不怕的样子。当看到凶残的土狼时，会抬起头，经直朝那个东西走过去。这种勇敢的举动往往会让土狼不敢接近它们。

面对困难、面对攻击、面对痛苦的时候，你越想逃跑，越是无路可逃。因为逃跑意味着你在"势"上低人一等，意味着你没有能力战胜这一切。悲怆的结局来源于内心的怯懦，失败的苦果来源于你从来就不敢坚定地站立。

不怕死的人往往不会死，因为其他人都怕死。

很多时候，我们恐惧的不是困难本身，而是我们自身，因为我们把工作中的困难想象得过于强大不可战胜。最好的防守就是进攻，面对突

如其来的进攻,只有坚定地站立,以更强悍的姿态准备随时投入战斗,让一切困难给我们自动让路,让失败的恶魔望而却步。

行动方案

天才不敢走的路,傻子一步就跨过去了。很多时候,我们缺少的不是智慧,而是战胜困难的勇气。

1. 不要对别人心怀畏惧,否则你会越发让人瞧不起,认为你不能担当重任。因为,问题不会因为你恐惧变得简单,就像越糊涂就会越愚蠢那样,恐惧只会让事情陷入更加糟糕的恶性循环中。

2. 保持心灵的独立。"即使是最坏的敌人,也不能像自己毫无防御的内心般伤害自己,然而一旦心灵被操纵了,即使是父母或任何亲人也不能帮你。"

3. 理性看待失败。即使失败了,那又怎么样?因为害怕失败而不敢行动才是最大的失败。要不断地磨炼自己,这样才有自信,才有底气。

第八章 在变化中学会柔性生存

适应你命中注定的环境

> 适应你命中注定的环境,爱那些注定与你生活在一起的人,要真诚地爱他们。

1939 年,德国军队占领了波兰首都华沙时,卡亚和迪娜正在筹办婚礼。然而,卡亚做梦都没想到,他和其他犹太人一样,光天化日之下被纳粹强行推上卡车运走,关进了集中营。卡亚陷入了极度的恐惧和悲伤之中,他的情绪极不稳定,精神遭受着痛苦的煎熬。

同时被关押的一位犹太老人对他说:"孩子,你只有活下去,才能与你的未婚妻团聚。记住,要活下去。"卡亚冷静下来,他下定决心,无论日子多么艰难,一定要保持积极的精神和情绪。

所有关在集中营的犹太人,他们每天的食物只有一块面包和一碗汤。在饥饿和严酷刑罚的双重折磨下许多人精神失常,甚至被折磨致死。卡亚努力控制和调适着自己的情绪,把恐惧、愤怒、悲观、屈辱等抛诸脑后,虽然他的身体骨瘦如柴,但精神状态却很好。

5 年后,集中营里的人数由原来的 4000 减少到不足 400。纳粹将剩余的犹太人用脚镣铁链连成一长串,在冰天雪地的隆冬季节,将他们赶往另一个集中营。许多人忍受不了长期的苦役和饥饿,横尸于茫茫雪原之上。在这人间炼狱中,卡亚奇迹般地活了下来。他不断地鼓舞自己,靠着坚韧的意志力,维持着虚弱的生命。

1945 年,盟军攻克了集中营,解救了这些饱经苦难的犹太人。卡亚活着离开了集中营,而那位给他忠告的老人,却没有熬到这一天。

若干年后,卡亚将他在集中营的经历写成一本书,他在前言中写道:"如果没有那位老者的忠告,如果放任恐惧、悲伤、绝望的情绪在我的心间弥漫,很难想象,我还能活着出来。"

在工作中同样也是如此,你也许无法改变自己在工作中和生活中的位置,但完全可以改变自己对所处位置的态度和方式。

行动方案

1. 避免完美主义的误区。完美主义用在某些工作上面也许是好事,但如果苛责环境,那你就很难适应环境,因为这个世界上从来就没有完美的环境。如果你总是抱怨单位对自己的满足程度不够,而不考虑你对单位付出了多少,为单位赢得了多少利益,你的付出是否与你得到的成正比等方面情况,那你很可能会人为地在自己和用人单位之间设置难以跨越的鸿沟。

2. 尝试花多些时间与人沟通合作。在工作中,意见相左很正常,如何平心静气地探讨问题,谋求最佳解决方案,这才是最完美的解决问题的方法,有合作意识是比较受欢迎和容易被接纳的,也比较容易适应所处的工作环境。

3. 提高应对压力的能力。学会做一棵松树,当承受不了大雪重压的时候学会适当地低一下头,让雪滑落。只有提高应对压力的能力,才能有可持续发展的能力。

后 记

  一本著作的完成需要许多人的默默奉献，闪耀的是集体的智慧。其中铭刻着许多艰辛的付出，凝结着许多辛勤的劳动和汗水。

  本书在策划和编写过程中，得到了许多同行的关怀和帮助及许多老师和作者的大力支持，在此向以下参与本书编写的人员致以诚挚的谢意：廉勇、欧红梅、周珊、张艳红、赵一、赵红瑾、齐红霞、陆晓飞、赵广娜、王非庶、张保文、杜莉萍、许庆元、王巧、杨婧、张艳芬、许长荣、王爱民、李琳、李伟楠、王鹏、杨英、李良婷、上官紫微、杨艳丽、于海英、宋桂花、姚小维、金望久、刘红强、付志宏、黄克琼、胡以贵、张乃奎、毛定娟、齐艳杰、李伟军、魏清素、陈志华、何瑞欣、叶光森、王艳坤、徐娜、付欣欣、王艳、杨巍、黄亚男、曹博、冉云、陈小婵等。

  阅读是一种享受，编辑这样一本书也是一种享受。我们希望把他们创造的精神财富传播到社会上的每一个角落。

励志类丛书书目

书　　名	作者	定　价
挺经	曾国藩	49.90元
冰鉴	曾国藩	49.90元
忍商	卢志丹	32.00元
破局	莫可	24.00元
局之道	墨子非	23.80元
纵横辩术——从战国纵横家看交际与成功	李晓等 著	32.00元
新编商务谈判	姚立	26.00元
口才全集	檀明山	49.90元
只要活着就好	王君	29.80元
目的性修炼	王君	28.00元
做人，要小心	王君	28.00元
人为什么犯错误	李文　吕涤身	20.00元
我创新，我成功	蔡晓佳	29.90元
"羊皮卷智慧全书"	唐汶	39.80元
怎样说话才打动人	[澳] 科尔 著	27.50元
目标决定成就	[英] 卡梅尔·麦考尼尔	18.00元
人性的弱点全集	[美] 戴尔·卡耐基	29.80元
领导情景口才全书	博阳	42.00元
有困难 不上交	博阳　曹玮	20.00元
博弈全书	李维	26.00元
有钱人的资本全集	林昊	35.00元
穷人的资本全集	林昊	29.80元

影响中国人的老经验全集	关丽莹	26.00元
会办事巧办事办大事全集	孙广春	23.00元
敢说能说更会说全集	孙广春	23.00元
从不可能到可能—成功人士的七种思维方式	潘捷	25.00元
品格的力量	[英]塞缪尔·斯迈尔斯	48.00元
成事在己	[英]塞缪尔·斯迈尔斯	49.80元
给人生每日的心灵鸡汤	李津	39.80元
先做朋友，后做生意	孙景峰	36.00元/32.80元
抓住细节看人心全集	林昊	35.00元/26.80元
世界上最伟大的励志故事全集	王少毅	48.00元
世界上最伟大的实用口才全书	王少毅	48.00元
世界上最简单的哲理书	李津	39.80元
从不可能到可能——成功人士的七种思维方式	潘捷	25.00元
奥运精神励志书	王少毅	26.00元
和解的艺术——冲突解决八步法则	[美]马克·格平	26.00元
中外经典思维游戏全案	徐保平	29.80元
做人做事说话恰倒好处全集	诚斌	48.00元
给人生每日的心灵鸡汤	李津	39.80元
最伟大的演说辞：导读版	李双	48.00元
最伟大的成功故事全集	邢群麟　李卫平	45.00元
保时捷的老板——文德林·魏德金重铸名车的神话	[德]乌尔里西·菲赫尔	39.80元
改变一生的座右铭	唐汶	34.00元
未来靠自己	[英]加里·派克　司徒·尼斯	18.00元
一块钱也能创业	张新民	28.00元
副手的成功哲学	周树清	30.00元

图书在版编目(CIP)数据

沉思录:员工版/宿春礼,邢群麟编译.
—北京:中央编译出版社,2008.10
ISBN 978 – 7 – 80211 – 761 – 7

Ⅰ. 沉… Ⅱ. ①宿…②邢… Ⅲ. 成功心理学–通俗读物
Ⅳ. B848.4 – 49

中国版本图书馆 CIP 数据核字(2008)第 150341 号

沉思录:员工版

出 版 人	和 龑
责任编辑	高立志
责任印制	尹 珺
出版发行	中央编译出版社
地　　址	北京西单西斜街 36 号(100032)
电　　话	(010)66509360　66509236(总编室)　(010)66509366(编辑部) (010)66509364(发行部)　　(010)66509618(读者服务部) (010)66161011(团购部)　　(010)66130345(网络销售)
网　　址	www.cctpbook.com
印　　刷	北京中兴印刷有限公司
开　　本	787×960 毫米　1/16
字　　数	240 千字
印　　张	12.5
版　　次	2009 年 2 月第 1 版第 2 次印刷
定　　价	26.80 元

本社常年法律顾问:北京建元律师事务所首席顾问律师　鲁哈达
凡有印装质量问题,本社负责调换。电话:(010)66509618